あなたの隣の放射能汚染ゴミ

まさのあつこ
Masano Atsuko

a pilot of wisdom

JN258976

目次

国会で初めて存在が明らかになった「安全性評価検討ＷＧ」／情報公開後進国ニッポンの先祖返り／「減容・再生利用方策検討ＷＧ」とは／ＪＡＥＡが土木学会に再委託／密室で決められる放射能汚染ゴミの再利用／帰還政策による除染の加速／廃炉時代の新たな脅威／世界が福島に注目？　「イノベーション・コースト構想」／減容化の技術を競い合う研究者たち／減容化で濃縮され、危険性を増すセシウム／「全国民的な理解の醸成」が前提の戦略

第五章　それでも放射能汚染ゴミを公共事業で使うのか？

どこに放射能汚染ゴミが使われるのか／再利用政策の欠陥／国の方針通りにしたためにセシウムが溶出／埋立基準を守ると新たな放射能汚染ゴミが発生／「指定解除」後も埋立処分しない千葉市の英断／失敗例に学ばない東京都／

図版作成／クリエイティブメッセンジャー
写真はすべて筆者撮影。文中の組織名や肩書きは、取材当時のものです。

はじめに

今も広範囲に降り注ぐ放射性物質

二〇一一年三月一一日、東北地方太平洋沖地震が発生。福島第一原子力発電所内の原子炉は、地震によって自動停止したものの、核燃料は運転停止後も崩壊熱を出すため、冷却し続けなければ空焚《からだ》き状態になり、核燃料が自らの熱で溶けてしまう。これがいわゆるメルトダウン、炉心溶融だ。

福島第一原発事故では非常用電源さえも失われ、冷却不能に陥り、原子炉建屋などに水素が充満、メルトダウンは現実のこととなった。さらに、溶融燃料の一部が原子炉格納容器に漏出。また、ガス爆発が起こり、原子炉建屋をはじめ周辺施設も大破した。

格納容器内の圧力を下げるために行われた排気（ベント）操作や、ガス爆発、格納容器の破損などにより、大気や土壌、海洋、地下水などへ、莫大《ばくだい》な量の放射性物質が放出された。その量は、東京電力の推計によると、ヨウ素換算値で約九〇京（九〇×一〇の一六乗）ベクレルとも言われている。ベクレルとは、放射能の強さを表す単位である。

すべての都道府県で、空から降ってくる放射性物質を測定する金ダライのような水盤を持っている。これは、核兵器保有国がまだ大気中で核実験を行っていた時代、放射性物質の降下量を測るために設置され、チェルノブイリ原発事故以降、全国に広がった体制だ。測定したデータを原子力規制委員会がまとめて毎月公表し、私たちはそれを見ることができる。

事故直後は毎日データが取られていた。ただし、福島県や宮城県は長い間、それぞれ、「震災対応により計測不能」、「震災被害により計測不能」と、その値を明らかにしなかった。

しかし、隣の茨城県では二〇一一年三月二〇日の段階で、一日に一平方キロメートル当たり放射性ヨウ素一三一が九万三〇〇〇メガベクレル、山形県では五万八〇〇〇メガベクレル検出されていた。

さらに翌二一日には、東京都でも放射性ヨウ素一三一が三万二〇〇〇メガベクレル検出された。栃木県、群馬県、千葉県、埼玉県でも一日に一万四〇〇〇から二万五〇〇〇メガベクレルの放射性物質が検出された。これは、事故前には存在しなかったものである。

このような降下物は、今では量も範囲も減ったが、止まってはいない。福島県では二〇一六年六月のひと月に、一平方キロメートル当たりセシウム一三四が一三〇メガベクレル、一三七が六五〇メガベクレル検出されている。これより量は少ないものの、いまだに岩手県から神奈川県まで広い範囲で放射性物質が検出され続けている。

日本原子力研究開発機構（ＪＡＥＡ）が試算したセシウム一三七の大気降下状況を図１に示す。これを見ると本州の多くの地域に放射性物質が降り注いだと考えられる。

「放射能汚染ゴミ」のゆくえ

事故直後から現在に至るまで、大気中に放出されたこの莫大な量の放射性物質は、一体、どこに、どれだけ、そしてどのように存在しているのだろうか。

図1　セシウム137の大気降下状況（試算）

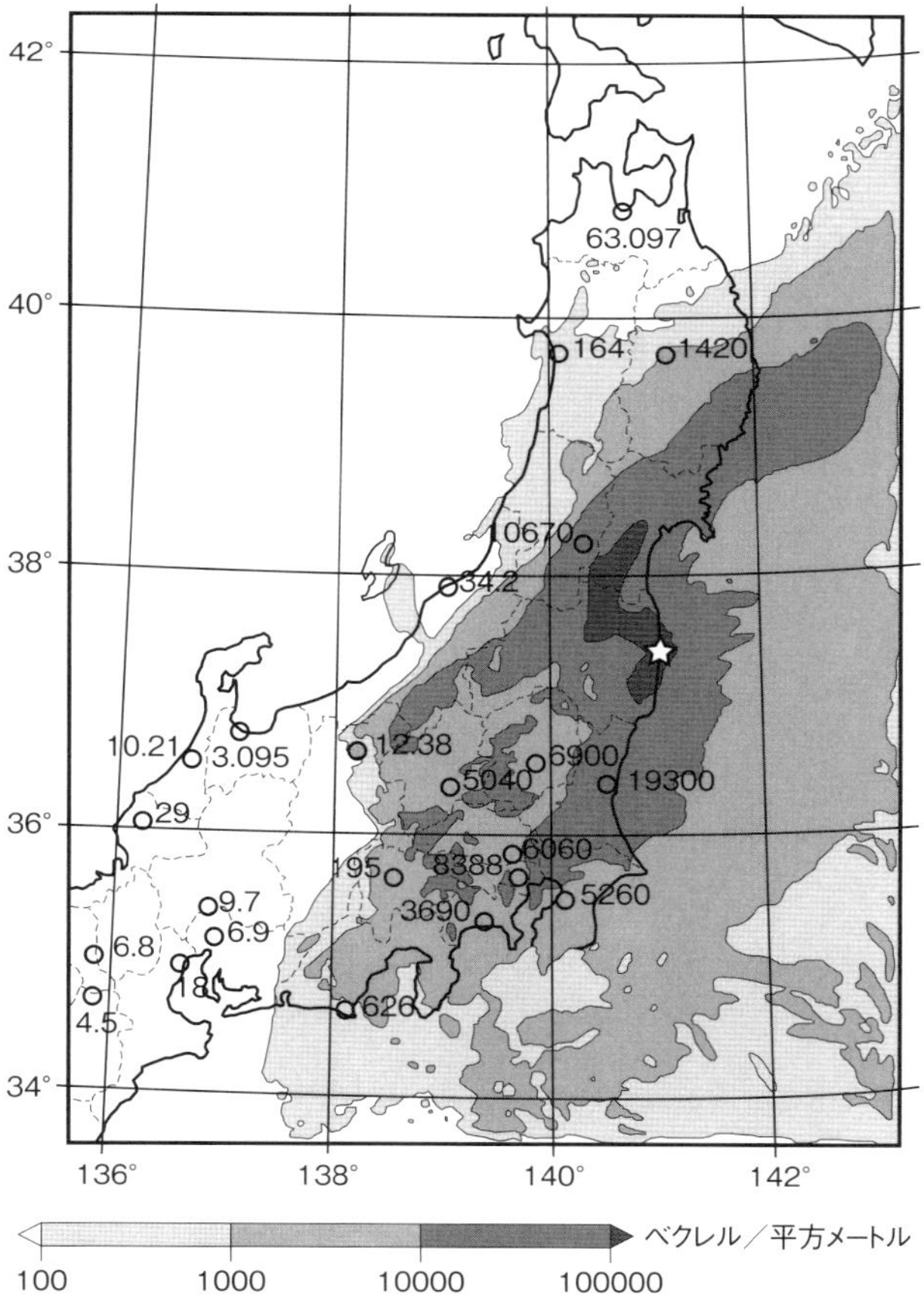

2011年3月12日5時から5月1日0時までのセシウム137の積算沈着量予測。(独)日本原子力研究開発機構「福島第一原子力発電所事故に伴うCs137の大気降下状況の試算－世界版SPEEDI（WSPEEDI）を用いたシミュレーション－」より作成。

本書では、原発事故により各地に飛散した放射性物質が、地面や森林、河川や建物などを汚染し、廃棄物となったものを「放射能汚染ゴミ」と総称し、そのゆくえを追う。

福島県では除染作業が進み、膨大な量の放射能汚染ゴミが発生している。しかし、これは福島県にだけあるのではない。放射性物質が降下してきた自治体では、生活ゴミの焼却灰や、下水汚泥などの中から放射能が検出され、放射能汚染ゴミが存在する。これらは行き場を失い、ひっそりと保管されている。繰り返すが、これは福島県だけの問題ではない。放射能汚染ゴミは、我々のすぐ隣にあるのだ。

それでも、自分の住む街には放射能は飛んでこなかったから大丈夫だと思っている人もいるだろう。しかし、福島県から遠く離れたところに住んでいたとしても、放射能汚染ゴミがすぐ隣にやってくる可能性が現実に近付いている。

それは、環境省が二〇一六年六月三〇日に示した方針にある。原発事故後の除染で出た汚染土について、八〇〇〇ベクレル／キログラム以下の放射性セシウムが含まれた放射能汚染ゴミを全国の公共事業で利用できるというものだ。これは、日本のどこに住んでいようとも、多くの国民に被ばくリスクを強いるものであり、誰しもが、この放射能汚染ゴミ問題に向き合わざるを得なくなる。

放射能汚染ゴミを全国にばら撒《ま》くという愚

除染によって集められた汚染土を、公共事業を通して全国にばら撒く。なぜそのような驚くべき行為が行われようとしているのだろうか。本書では、この構想がいつ、どのような形で生まれたのか、詳細に追跡する。

公共事業では、「遮蔽および飛散・流出の防止」を行った上で、道路や防潮堤などの構造基盤に汚染土を使えるとしているが、果たして、きちんと飛散や流出の防止を行えるのだろうか。再び「想定外」の津波が来たとしても、流出しないという保証はあるのか。それを知るために、現在の放射能汚染ゴミの処理や保管状況、監視体制を取材した。これらでさえも不備があるようでは、数十年にもわたって存在し続ける道路や防潮堤に放射能汚染ゴミを使うことは、とても恐ろしくてできないはずだ。

そこで第一章で、主に首都圏の放射能汚染ゴミが行き場を失っている状況を示す。原発事故直後は、東北だけでなく、関東・甲信越にかけて農作物などから放射性物質が検出され、社会問題化したが、原発事故から時間が経《た》つにつれ、日常会話の中でほとんど話題に上ることはなくなった。しかし、放射能は目に見えないだけで、確実に我々のすぐ隣に存在している。

続く第二章では、福島県を中心として、除染によって生じた放射能汚染ゴミがどのように処理され、管理されているのかを明らかにする。

そして第三章と第四章で、なぜこれらの放射能汚染ゴミが全国の公共事業で再利用されようとしているのか、その経緯を説明する。驚くべきことに、この方針は事故直後からすでに議論されていたのだった。

最後に第五章で、放射能汚染ゴミを全国にばら撒く方針を回避する方法はないか検討する。これは史上最悪のゴミ問題となる可能性がある。果たして、これを撤回する手段はないのだろうか。本書の目的はここにある。その手がかりをつかむためにも、まず現状を知ることから始めよう。

第一章　すでに隣にある放射能汚染ゴミ

広島原爆の一六八・五倍の放射能が放出

福島第一原発から放出された放射能は、原子力安全・保安院によれば、広島原爆と比べて、セシウム一三七換算で一六八・五倍の量であることが公表された。

また、京都大学原子炉実験所の小出裕章《ひろあき》助教は、二〇一一年五月二三日の参議院行政監視委員会で、広島の原爆で燃えたウランが八〇〇グラムだったのに対し、原子力発電所では一基の原子炉に広島原爆一〇〇〇発、二〇〇〇発という放射性物質を内包していると述べた。

「はじめに」でも述べたように、八〇〇〇ベクレル／キログラム以下の放射能汚染ゴミを公共事業で全国にばら撒かなくても、放射性物質が降下してきた地域に住む人々の身の回りにはすでに放射能汚染ゴミがあり、よく知らずに共存している状態だ。

本題に入る前に、ここで放射能の単位について説明しておこう。本書で登場するのは主に「ベクレル」であるが、これは放射能の強さを表す。数字が大きいほど被ばく量は多くなる。

一方、「シーベルト」も事故後、よく聞かれるようになった。これは、放射能を受けた時の人体への影響を表すために使われる。例えば、医療機関で放射線検査をする時のように、腹部や胸部など、部分的に被ばくする場合と、原発事故によって全身に放射性物質を浴びる場合とでは、同じ放射線の強さでも、放射能が身近に存在する場合、後者の方が影響は大きい。そのため、人体への影響について述べる時には、健康への影響を考慮したシーベルトで表す。

ゴミ処理の基礎知識

本書で扱う放射能汚染ゴミは、大きく分けて二つある。

一つは、福島第一原発から放出された放射性物質が広範囲にわたって降り注ぎ、下水処理場や浄水場、ゴミの焼却炉、農地などに到達したものだ。これは福島に限らず、放射能で汚染された地域ならばどこにでも存在する（図２）。

もう一つは、福島を中心に行われている「除染」によって生じた廃棄物である。

本章ではまず、前者の身の回りに降り注いだ放射性物質によって生じた放射能汚染ゴミ

図2　放射能汚染ゴミの主な発生源

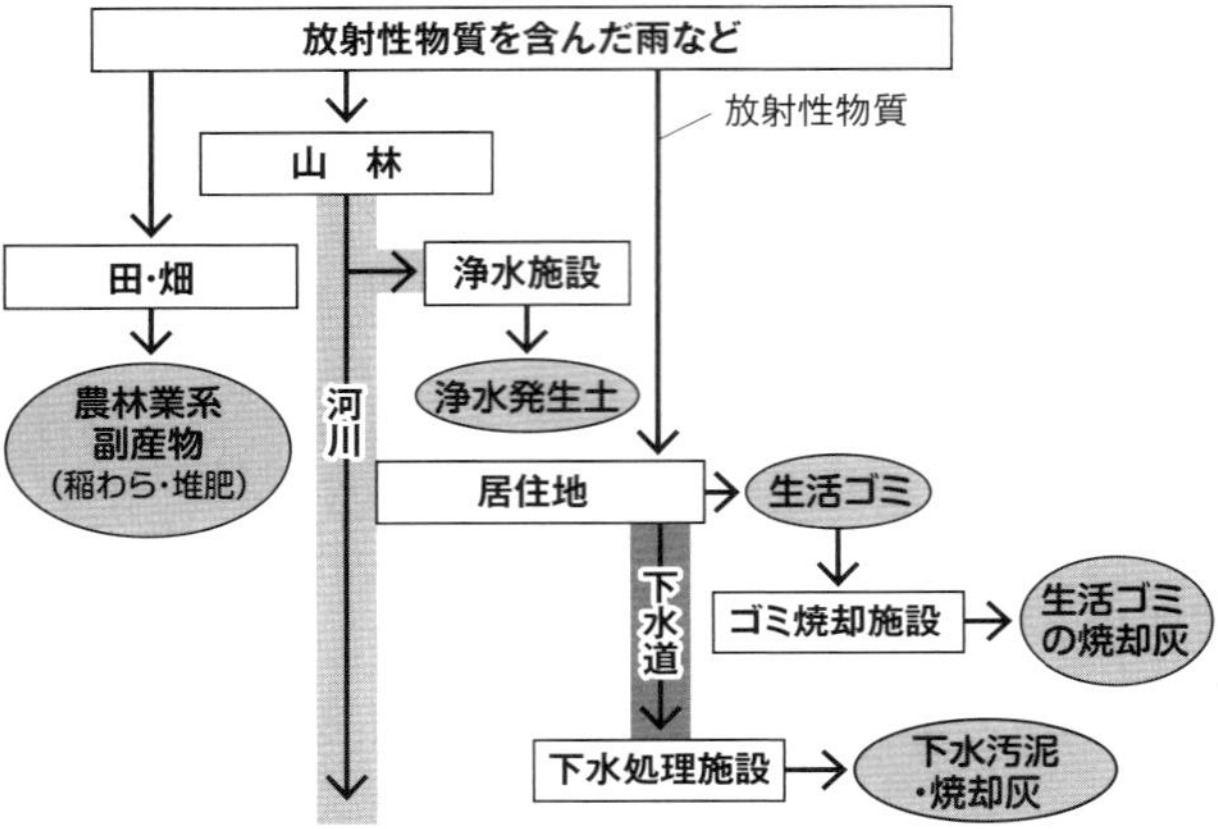

が、どのように扱われているかを見ていこう。

それを知るために、まずは通常のゴミ処理の流れについて、簡単に解説しておきたい。

ゴミには、家庭ゴミと産業廃棄物の二つがある。家庭ゴミの処理は市町村が責任を持つ。産業廃棄物の処理は、汚染者負担が原則で、廃棄物を出した事業者が責任を持って処理をするが、多くの場合、その事業者は、都道府県から許可を得た産廃処理業者に委託して処理をしてもらう。

どちらのゴミも、燃えるゴミは焼却炉で燃やして量を減らし、焼却灰を山か海のどちらかに、「最終処分」と称して埋立てる。そうした場所を「最終処分場」と呼ぶ。

陸（多くが山の中）につくる最終処分場には大きく分けると二つある。

一つは素掘りの処分場だ。土の上に直《じか》に不燃物などを捨てる。しかし有害物質が地下に染み込んで水質汚染を引き起こす問題が指摘されたこともある。

もう一つは、有害物質を埋立てる「遮断型処分場」や「管理型処分場」だ。「管理型」は、屋根付きで管理するわけではない。雨が降れば、廃棄物やその上に覆土した土に雨が降り注ぎ、それが、廃棄物を通過してそのまま地下水となってしまう。そこで、万が一にも廃棄物から溶出する有害物質が地中に染み込まないように遮水シートを敷いて防いでいる。

海につくる最終処分場は、海中に鉄板などで囲いをつくり、その中にゴミを捨てるというものだ。ゴミで埋立てながら水位が上がった分の汚水を処理する。

事故後にできた「放射性物質汚染対処特別措置法」に基づく放射能汚染ゴミの処理は、ゴミ処理の基本である廃棄物処理法を踏まえて、処理の流れが考えられている。

指定廃棄物はどこにどれだけあるのか

ただし、例外もある。その一つは、八〇〇〇ベクレル／キログラムを超えた「指定廃棄物」の存在だ。指定廃棄物は、自治体や事業者が測定値と共に環境大臣に報告または申請し、環境大臣が指定するものだ。ドラム缶や、フレキシブルコンテナ（フレコンバッグ）と呼ばれる袋に入れ、雨が当たらないところに置く場合や、野外で容器に入れずに防水シートをかけて置く場合など、環境省が保管の仕方を「指定廃棄物関係ガイドライン」で定めている。

環境省の公表データによれば、「指定廃棄物」は一二都県に計約一八万トン（二〇一六年九月三〇日時点）存在する。その内訳は「公表しない」とのことだったが、各都県にその所在を尋ねると、図3で示したような実態が分かった。同時に、これが八〇〇〇ベクレル／キログラム超の放射能汚染ゴミのすべてではないことも判明した。

「放射性物質汚染対処特別措置法」では、廃棄物の占有者は八〇〇〇ベクレル／キログラムを超えたものの「指定」を環境大臣に「申請することができる」としているだけで「義

図3　8000ベクレル／キログラムを超える指定廃棄物の保管量

単位：トン

岩手県(2016月9月時点)	
一関市	475.6
合計	475.6

福島県(2015年7月現在)	
福島市	30889.1
会津若松市	130.7
郡山市	61989.8
いわき市	15953.7
白河市	884.8
須賀川市	1978.9
喜多方市	16.1
相馬市	594.5
二本松市	9491.3
田村市	510.3
南相馬市	4556.1
伊達市	6313.4
本宮市	1117.8
伊達郡国見町	130.7
安達郡大玉村	1.6
河沼郡湯川村	19.5
河沼郡柳津町	30.3
大沼郡三島町	0.2
西白河郡西郷村	168.4
西白河郡泉崎村	4.1
西白河郡中島村	15
東白川郡塙町	195
石川郡浅川町	35
田村郡三春町	6.3
双葉郡広野町	8.2
双葉郡富岡町	1215
双葉郡大熊町	31.5
相馬郡新地町	25
合計	136312.3

神奈川県(2016年9月時点)	
横浜市	2.9
合計	2.9

宮城県(2015年6月時点)	
仙台市	0.2
白石市	666.9
名取市	5.6
岩沼市	458
登米市	2235
東松島市	33.3
蔵王町	0.1
柴田町	1.8
山元町	3.2
合計	3404.1

栃木県(2015年7月時点)	
宇都宮市	1904.2
鹿沼市	1562
日光市	608.2
大田原市	941.7
矢板市	265.9
那須塩原市	3921.1
上三川町	852
塩谷町	22.8
高根沢町	66.6
那須町	3382.3
那珂川町	2.4
合計	13529.2

千葉県(2016年9月時点)	
市川市	145.6
松戸市	944.9
野田市	38.5
東金市	162
柏市	1063.9
流山市	581.9
八千代市	97.7
我孫子市	542
印西市	130
合計	3706.5

静岡県(2016年9月時点)	
焼津市	8.6
合計	8.6

山形県(2016年9月時点)	
非公表(1件)	0.2
合計	0.2

茨城県(2015年12月時点)	
日立市	1260.2
土浦市	97
龍ケ崎市	181.5
高萩市	0.4
北茨城市	45
取手市	2.5
牛久市	0.2
ひたちなか市	980.8
鹿嶋市	0.3
守谷市	611
かすみがうら市	62
小美玉市	16
茨城町	226.7
阿見町	159.4
合計	3643

群馬県(2016年9月時点)	
前橋市	342.8
高崎市	280
桐生市	29.7
渋川市	318
富岡市	25
安中市	95.2
榛東村	96
合計	1186.7

東京都(2016年9月時点)	
江東区	981.7
合計	981.7

新潟県(2016年9月時点)	
阿賀野市	200
新潟市	817.9
合計	1017.9

各自治体への聞き取りをもとに筆者作成。小数点第2位以下は四捨五入。

務」ではない。つまり、申請しなくても問題はないのだ。

そのため、例えば、岩手県では一関市以外でも、農林業から出た廃棄物で未申請のものがあり、「時期がきたら申請して、国の責任で処理をしてもらう」と言う。

また関東の中で唯一申請がゼロの埼玉県に尋ねると、県の下水処理施設（戸田市）に、八〇〇〇ベクレル／キログラムを超える焼却灰一九トン（二〇一五年五月時点）が未申請のまま厳重保管されていることも分かった。

このように、八〇〇〇ベクレル／キログラムを超えた放射能汚染ゴミが、すべて指定廃棄物として把握されているわけではない。存在していても、調査も申請もされなければ、把握しようがない。また、住宅周辺以外の山林の除染は後回しにされ、放射性物質が降り注いだまま放置されている。「森林除染」のモデル事業が二〇一六年度から始まったが、指定廃棄物の申請が行われない可能性もある。

二六都道県の下水汚泥に放射能を検出

いよいよ本題に入ろう。まずは、下水道処理の過程で生じる下水汚泥に放射性物質が含まれ、放射能汚染ゴミとなった事例だ。

　検出された自治体は、二〇一一年七月時点で二六都道県あった。北海道、青森、岩手*、宮城、秋田、山形、福島、茨城、栃木、群馬、埼玉、千葉、東京、神奈川、新潟、富山、福井、山梨、長野、静岡、愛知、兵庫*、奈良、和歌山*、島根、高知*だ（ただし、*印をつけた自治体は、ヨウ素だけを検出しているため、原発事故由来の放射性物質ではなく、医療機関から出た治療用のヨウ素だと考えられている）。

　そして、下水汚泥の焼却灰が八〇〇〇ベクレル／キログラムを超え、指定廃棄物として保管している自治体は五県ある。その保管量は、一〇三件、一万四八六六トン（二〇一六年九月時点）に及ぶ（図4）。

図4　8000ベクレル／キログラムを超えた下水汚泥（焼却灰含む）を保管する自治体とその量

所在地	件数	数量（トン）
福島県	87	10,684
茨城県	2	926
栃木県	8	2,200
群馬県	5	514
千葉県	1	542
合　計	103	14,866

環境省「指定廃棄物の数量」（2016年9月30日時点）より筆者作成。小数点以下は四捨五入。

写真１　川崎市・入江崎総合スラッジセンターに置かれたフレコンバッグ（2011年8月撮影）

川崎市の下水汚泥から一万三〇〇〇ベクレル検出

神奈川県川崎市では、事故後の二〇一一年五月、下水汚泥の焼却灰から放射性セシウムが一万三〇〇〇ベクレル／キログラムも検出されてしまった。

事故前は、セメント業者がすべての焼却灰を引き取ってくれていたが、事故後は引き取り手がなくなり、フレコンバッグに入れて保管しなければならなくなった。

その上、事故後に誕生した原子力災害対策本部から、八〇〇〇ベクレル／キログラムを超える下水汚泥焼却灰は、すべて保管するよう指示されたが、すぐに置き場がなくなった。

下水道からセシウムが検出されることは、事故前ならあり得ないことだった。原子炉等規制法に基づいて原子力発電施設に排水が許されている「告示濃度限度」でさえ、放射性セシウム一三四が六〇ベクレル／リットル、一三七が九〇ベクレル／リットルだ。

川崎市内には四箇所の下水処理場があり、各所で処理された下水汚泥は、パイプを通じて空気圧で海辺の「入江崎総合スラッジセンター」にはるばる送られてくる。そこは、川崎市全域の下水汚泥を、すべて脱水・焼却処理する場所だ。

二〇一一年八月、取材に訪れると、行き場を失ったフレコンバッグは、入江崎総合スラッジセンターの建屋や機器のすき間に所狭しと置かれていた（写真1）。施設内を案内してくれた当時の所長は、「敷地内で満杯になったので、一部を敷地内に保管、一部は浮島に運んで保管している」と述べた。浮島とは海岸端にある市の管理地だ。入江崎総合スラッジセンターによる下水汚泥の保管量は増え続ける一方だった。

海への溶出は誰にも分からない

下水汚泥の焼却灰は微細であるため、海に捨てると、浮遊して流れ出し、海を汚染する恐れがある。事故後は八〇〇〇ベクレル／キログラム以下なら埋立てしてよいと、政府から指示があったが、川崎市は最終処分には技術開発が必要だと考えた。

中村了治下水道計画課長によれば、川崎市はその技術開発を公益財団法人「原子力環境整備促進・資金管理センター」に委託。最終的に、焼却灰に混ぜ物をして沈下しやすい「改質処理」をしてから埋立てを行う方法が考え出され、二〇一六年四月に試験埋立てが始まった。

しかし、問題が解決したわけではない。

混ぜ物をして放射性セシウムを閉じ込めた焼却灰は、水に浸すと放射性セシウムが溶け出すという実験結果が出ているからだ。より溶出率の低い混ぜ物が選ばれてはいるが、一〇〇日間水に浸すと、セシウム一三四は五パーセント以上、一三七は一〇パーセント近く溶出する。

川崎市では、海水の放射性物質を測定し、その結果を公表している。現在のところ、海水からセシウムは検出されていない。

だが、埋立量が増え、さらに年月が経つとどうなるかは、誰にも分からない。

三・九億ベクレル分の放射性物質が行方不明になった東京都

東京都にある一二箇所の下水汚泥の処理施設でも、事故直後に、高濃度の下水汚泥焼却灰が発生した。

最初はそれぞれの施設内での保管を始めたが、やがてすべての施設で置き場がなくなった。そこで、東京都が所有する海の最終処分場、「中央防波堤外側埋立処分場」に運び込んで保管を始めた。

そこは、二〇二〇年の東京五輪・パラリンピックのボート・カヌー会場予定地に面した海辺の一角だ。

都下水道局が放射能濃度の測定を始めた二〇一一年五月一〇日以降、一二箇所の処理施設のうち、最高濃度を記録したのは、葛西水再生センター（江戸川区）だ。セシウム一三四と一三七が合計五万三二〇〇ベクレル／キログラムも検出された（図5）。

東京都議会で下水汚泥について問題になったのは、その一ヵ月後だった。

二〇一一年六月二四日、柳ヶ瀬裕文《ひろふみ》都議が、一日当たりの下水汚泥に含まれる放射性物質の総量と、それを焼却して出てきた焼却灰に含まれる放射性物質の総量を比べると、差し引き三・九億ベクレル分、計算が合わない。どこかに消えるわけがなく、それは排ガス

図5　東京都の下水汚泥の焼却灰に含まれている放射性物質の濃度

単位：ベクレル／キログラム

下水道処理施設名	放射性ヨウ素131	放射性セシウム134	放射性セシウム137	放射性セシウム合計
葛西水再生センター（江戸川区臨海町）	不検出	24,100	29,100	53,200
新河岸水再生センター（板橋区新河岸）	不検出	9,430	11,700	21,130
東部スラッジプラント（江東区新砂）	不検出	8,500	9,970	18,470
みやぎ水再生センター（足立区宮城）	不検出	6,820	8,280	15,100
北多摩二号水再生センター（国立市泉）	不検出	6,740	8,220	14,960
北多摩一号水再生センター（府中市小柳町）	不検出	5,880	7,140	13,020
南部スラッジプラント（大田区城南島）	不検出	4,800	5,740	10,540
多摩川上流水再生センター（昭島市宮沢町）	不検出	2,710	3,210	5,920
八王子水再生センター（八王子市小宮町）	不検出	2,380	2,890	5,270
清瀬水再生センター（清瀬市下宿）	206	1,520	1,830	3,350
浅川水再生センター（日野市石田）	不検出	1,150	1,400	2,550
南多摩水再生センター（稲城市大丸）	不検出	195	241	436

東京都「下水処理における放射能等測定結果」（2011年5月）より筆者作成。

に混じって外に漏れたか水処理によって汚染水として排出されたのではないかと指摘した。

柳ヶ瀬都議の質問の背景には、下水汚泥を焼却する「東部スラッジプラント」周辺で、土壌の放射線が高いことを示す調査結果があった。神戸大学大学院の山内知也教授が調査したもので、柳ヶ瀬都議は、下水汚泥を燃やす焼却炉が、二次的な汚染源になっている可能性がないか、都として調べるべきだと求めた。

これに対し、都の松田二郎下水道局長は、「焼却灰については高性能のフィルターに通して、さらにアルカリ性の水で洗うことで固形物を九九・九パーセント以上回収し、焼却灰が施設外へ飛散することのないよう適切に管理している」と答え、都が調査に乗り出すことはなかった。

バグフィルターの回収性能は七〇—一〇〇パーセントの幅がある

本当に「九九・九パーセント以上回収」できるのだろうか。そこで、東部スラッジプラントで使われている焼却炉のメーカーはどこか都に尋ねた。

すると三基ある焼却炉のうち、一基には電気集塵《しゅうじん》機が使われ、バグフィルターが使われているのは二基だった。そのうち一つはコットレル工業（本社・東京港区）の一九九九年製の焼却炉、もう一つは三菱重工環境エンジニアリング（現・三菱重工環境・化学エンジニアリング）の二〇〇〇年製の焼却炉だと分かった。

そこで、コットレル工業の基本設計部の担当者に問い合わせてみた。「焼却炉のバグフィルターの回収性能について聞かせてください」と尋ねると、開口一番、「一〇〇パーセントです」と答えた。

次章で詳述するが、「業界団体のアンケートなどでみると、使い始めは目が詰まっていないので回収性能は一〇〇パーセントにはならないのでは」と問うと、「使っていくうちにだんだんと目が詰まっていって最終的にはほぼ一〇〇パーセントの性能が得られるようになります」と訂正した。

そこで、使い始めの性能を尋ねると、「ろ布《ふ》と粒子の大きさによって変わってしまいまして、細かい粒子ですとかなり抜けてしまいます。七〇パーセントぐらいになりますね」と述べた。「細かい粒子」をミクロン（マイクロメートル）で表現してもらうと、それは「五ミクロン程度」とのことだった。

また、目が詰まって一〇〇パーセントに上がるまでの時間は「運転条件によって変わる」こと、フィルターの目が詰まった時に行う「払い落とし」後にも、再び回収性能が落ちることも分かった。

まとめると、バグフィルターの回収率は、七〇パーセントから一〇〇パーセントの間を行ったり来たりするということだ。

ちなみに、前出の都議会で松田下水道局長が「アルカリ性の水で洗うことで固形物を九九・九パーセント以上回収」と述べたが、コットレル工業製の焼却炉について言えば、アルカリ性の水をかけて飛灰を落とす機能がついているものはなかった。

このように、バグフィルターは常に九九・九パーセントの回収性能を維持しているわけではなかった。

一方、三菱重工環境・化学エンジニアリングは、「当社のウェブサイトのフォーマットからお問い合わせください」という対応で、問い合わせから二ヵ月以上経って回答が届いた。

しかし、その回答は、バグフィルターのろ布の交換前に「入口及び出口での排ガス性状測定を実施しておらず、数値的な実績はありませんが、交換前においても、全体排ガスが悪化しておらず、ろ布使用前後で、回収率（九九・九パーセント）の変動はないと考えています」というものだった。

以前、原発内の放射線管理経験者が、筆者に語ってくれたことがある。原発で使っている低レベル放射性廃棄物を燃やす場合には、焼却炉を覆う建屋をつくり、中の空気が外に漏れないように、建屋内の気圧を低めに保つことが放射性物質を扱う者の常識だと。

原発内ではこのような方法で放射性廃棄物を燃やしているのに対し、事故後は通常の施設で放射能汚染ゴミを燃やしている。

柏《かしわ》市の家庭ゴミからも七万ベクレル超を検出

次に、家庭ゴミの汚染状況を見ていこう。

自治体が収集する家庭ゴミの焼却灰が、八〇〇〇ベクレル／キログラムを超える指定廃棄物となった自治体は、二〇一六年九月現在、岩手県、福島県、茨城県、栃木県、千葉県、東京都の六都県ある。指定廃棄物の総量は、四八五件、一二万トンを超えている（図6）。

千葉県柏市では、南部と北部クリーンセンター、二つの清掃工場で家庭ゴミを燃やしている。

事故前は、焼却灰を高温で融かしてつくる「溶融スラグ」や「溶融飛灰固化物」にし、業者がそれらを買い取り、道路のアスファルトの下に敷く材料に利用していた。

事故後の二〇一一年六月、それらの放射能濃度を測定すると、最大で七万ベクレル／キログラムを超える放射性セシウムが検出された。柏市はスラグ製造などを中止し、焼却灰などと共に市の最終処分場に埋立てることにした。

ところが、市の最終処分場は住宅や学校に近接している。安全性が懸念され、柏市は運び入れを中止し、南部クリーンセンター施設内に保管することに決めた。

図6　8000ベクレル／キログラムを超えた生活ゴミの焼却灰を保管する自治体とその量

所在地	件数	数量（トン）
岩手県	8	200
福島県	386	114,262
茨城県	20	2,380
栃木県	24	2,447
千葉県	46	2,719
東京都	1	981
合　計	485	122,990

環境省「指定廃棄物の数量」（2016年9月30日時点）より筆者作成。小数点以下の四捨五入により「合計」は全欄の総計と必ずしも一致しない。

市は、焼却灰などの放射能濃度が上がった原因は、家庭ゴミに含まれていた庭木の草などではないかと考えた。そこで試しに草や稲わらを除いて焼却してみたところ、八〇〇〇ベクレル／キログラムを下回った。以後八月一五日から、南部クリーンセンターでは、草・木・枝などの分別収集を開始し、これらの焼却灰はクリーンセンターで保管を続けた。住宅や学校に配慮した形だ。

また、二〇一一年七月二六日、柏市は県外の民間の最終処分場へ搬出を開始した。県外の搬入先がどこかは公表していない。

現在、柏市の八〇〇〇ベクレル／キログラム以下の放射能汚染ゴミは、千葉県以外のどこかの山か海に、人知れず埋まっていることになる。住宅に近接したところにしか最終処分場を持っていない、地理的な制約を持った自治体の選択だった。

秋田県へ放射能汚染ゴミを搬出した松戸市

同じく千葉県の松戸市には、家庭ゴミを燃やす二つの清掃工場がある。事故前から、そこで出てくる焼却灰を、秋田県小坂町《こさかまち》にある最終処分場「グリーンフィル小坂」に運び込んでいた。松戸市は独自の最終処分場を持っていなかったためだ。

しかし、二〇一一年七月に、小坂町への搬入を止めざるを得なくなる。清掃工場の一つで、飛灰に含まれたセシウム一三四と一三七の合計が四万七四〇〇ベクレル／キログラムも測定されたからだ。

松戸市は七月四日に焼却灰の採取を行い、結果が判明したのは一一日であったが、検査結果の出る前に、計四〇トンもの焼却灰の搬出を行った。

本来ならば、検査に出す時点で放射能が検出されることを想定し、結果が出るまで一旦、搬出を停止すべきではないか。しかも、放射能が検出されたことが明らかになったにもかかわらず埋立てされてしまっていた。

小坂町は、七月一三日から関東圏の焼却灰の受入れをすべて停止した。一九日には本郷《ほんごう》谷《や》健次松戸市長が秋田県と小坂町を訪れ謝罪するに至った。

山梨、長野、静岡でも、水道水の処理過程で放射能汚染ゴミが発生

下水道も家庭ゴミの処理も、生活には欠かせない公共サービスだ。しかし、それ以上に、

図7　8000ベクレル／キログラムを超えた浄水発生土を保管する自治体とその量

所在地	浄水発生土（水道水）		浄水発生土（工業用水）	
	件数	数量（トン）	件数	数量（トン）
宮城県	9	1,014	0	0
福島県	35	2,261	5	203
栃木県	14	728	（1）	（67）
群馬県	6	546	1	127
新潟県	4	1,018	0	0
合　計	68	5,567	6	330

環境省「指定廃棄物の数量」（2016年9月30日時点）より筆者作成。小数点以下は四捨五入。
栃木県の工業用水の数値は水道水と兼用の施設で発生したものなので水道水に加算。

この上なく重要な公共サービスが水道水の供給だ。

水道水は、川や湖から水を引き込んで、浮遊している土砂や濁りを沈殿させたり、消毒したりする工程を経る。その過程で沈殿してできる汚泥を「浄水発生土」と呼ぶが、そこからも放射能が検出された。

二〇一一年一二月時点で、浄水発生土に放射能が検出された自治体は、宮城県、山形県、福島県、新潟県、茨城県、栃木県、群馬県、埼玉県、東京都、神奈川県、千葉県、長野県、山梨県、静岡県の一四都県と広範囲にわたっていた。

二〇一六年九月時点で、浄水発生土で八〇〇〇ベクレル／キログラム超の指定廃棄物を保管しているのは、宮城県、福島県、栃木県、群馬県、新潟県の五県で合計六八件、五五六七トンである（図7）。

ちなみに、海洋での放射性物質による汚染は、太平洋側だけに広がっていると思っている人も多いようだが、例えば、福島県と群馬県の山に降り注いだ雨は、阿賀野《あがの》川に注ぎ、日本海側にも流れ込んでいる。主にこのようなルートで新潟県で浄水発生土から放射能が検出された。同県では、八〇〇〇ベクレル／キログラムを超える浄水発生土が一〇〇〇トン以上溜《た》まり、現在、それ以下のものも含めて九割以上を保管している。

水道水から放射性ヨウ素が九六五ベクレル検出

ちなみに、放射能は浄水発生土だけでなく、蛇口をひねって出てくる水からも検出された。事故直後、摂取制限が発令されたのを覚えている人も多いだろう。

現在、厚生労働省による水道水の管理目標は、放射性セシウム（セシウム一三四及び一三七の合計）が一〇ベクレル／キログラムだ。

しかし、二〇一一年三月一六日には、福島市の水道水から、放射性ヨウ素が一七七ベクレル／キログラム、放射性セシウムが五八ベクレル／キログラム検出されていた。一七日には、福島県川俣町《かわまたまち》の水道水から放射性ヨウ素が三〇八ベクレル／キログラムも検出された。

最も高い数値を示したのは飯舘《いいたて》村の水道水だった。二〇日に放射性ヨウ素が九六五ベクレル／キログラムも検出され、翌二一日から、摂取制限がかかった。飯舘村の住民が、もし、一日一リットル分の水分をお茶や料理から摂取していたとすれば、一〇〇〇ベクレル近いヨウ素を体内に取り入れてしまったことになる。

三月二二日になると、伊達市、川俣町、田村市、郡山市、南相馬市でも、水道水から一〇〇ベクレル／キログラムを超える放射性ヨウ素が検出され、乳児の水道水の摂取制限が始まった。いわき市で水道水の摂取制限が開始されたのは、さらにその翌日、三月二三日だ。

爆発事故から一週間ほど、汚染された水道水を飲まされ続けた住民がいたことになる。さらに言えば、事故直後の水道水の暫定指標は、大人で放射性ヨウ素三〇〇ベクレル／キログラム、セシウム二〇〇ベクレル／キログラム、乳児でヨウ素一〇〇ベクレル／キログラムであった。前述した一〇ベクレル／キログラムが定まったのは、事故から一年後の二〇一二年四月だ。すでに放射能が検出されなくなってから引き下げられたのである。

肥料や家畜のエサが放射能汚染ゴミに

放射性物質は当然ながら、農業や畜産業の現場にも降り注いだ。

農水省が、「家畜の排せつ物や、魚粉、わら、もみがら、樹皮、落葉、雑草などを原料とした堆肥や家畜のエサが高濃度に汚染されている」と農家に知らせたのは、事故から五ヵ月も経った二〇一一年八月のことだった。

暫定基準が定められ、肥料などに含まれる放射性セシウムの最大値は四〇〇ベクレル／キログラム、エサは、家畜なら三〇〇ベクレル／キログラム、養殖魚用なら一〇〇ベクレル／キログラムとされた。これらの基準を超えたものを「農林業系副産物」とした。つまり、使ってはならない放射能汚染ゴミとなったのだ。

この基準づくりが後手に回り、一部は、家庭菜園で使われる腐葉土として流通してしまった。沖縄県でも、「『ついに沖縄にも』セシウム汚染腐葉土」（「琉球新報」二〇一一年八月五日付）と報道された。

図8　8000ベクレル／キログラムを超えた農林業系副産物を保管する自治体とその量

所在地	件数	数量（トン）
宮城県	3	2,272
福島県	41	3,861
栃木県	27	8,137
合　計	71	14,269

環境省「指定廃棄物の数量」（2016年9月30日時点）より筆者作成。小数点以下の四捨五入により「合計」は全欄の総計と必ずしも一致しない。

農水省の畜産環境・経営安定対策室へ取材したところ、二〇一六年九月時点で、堆肥を含めた肥料の基準は四〇〇ベクレル／キログラムのままだが、エサの基準は厳しくなった。牛馬が一〇〇ベクレル／キログラム、豚が八〇ベクレル／キログラム、鶏などの家禽《かきん》が一六〇ベクレル／キログラムと家畜により異なっている。消費者はその基準が安全であり、遵守されている前提で食生活を営んでいる。

各農家や酪農家が保管している農林業系副産物の指定廃棄物の合計は、宮城県、福島県、栃木県の三県で七一件、計一万四二六九トンとなった（図8）。

学校の敷地内に埋められている放射能汚染ゴミ

ここまで、下水道、家庭ゴミ、上水道、農地などから発生する放射能汚染ゴミの実態を見てきた。最後に、子どもたちが過ごす学校で生じた放射能汚染ゴミについて記す。これは主に、除染によって生じた汚染土である。

チェルノブイリの事故でも判明しているように、子どもは被ばくの影響を受けやすい。そこで事故後は、学校を中心に、除染の指定を受けていない地域でも、自治体の判断で熱心に除染が行われた。

しかし、取材をしてみると、驚いたことに文部科学省は除染の実施状況を把握していない。「環境省に聞いて下さい」と言われた。

環境省が公表している限りでは、二〇一六年九月末時点で、学校や保育園等の除染を行ったのは、岩手県で二四二施設、宮城県で九四施設、茨城県で三二九施設、栃木県で二四八施設、群馬県で三五施設、埼玉県で四八施設、千葉県で五九三施設、計一五八九施設だ。除染土の扱いは、自治体によって違う。また、都道府県レベルで、全体像を把握しているわけでもない。

そこで二〇一六年九月に茨城県に取材した。茨城県の保健体育課によれば、「県立高校は県が、小中学校は市町村が除染を行い、私立学校は個々に対応したと思う」とのことだった。

茨城県の県立高校では、除染のやり方は環境省が示す方法に倣った。グラウンドを一〇メートルごとに区切って、空間線量を測り、高く出たところから除染し、汚染土はフレコンバッグに詰め、防水シートを上からかけて、学校の敷地内に埋めた。その後、空間線量で〇・二三マイクロシーベルト／時以下に下がっていることを目安にしている。

しかし、「一件一件、県が監督して見ていたわけではなく、現場にやり方を指示し、分からないことがあればその都度、国に相談をしながら進めたと聞いています」という。六年目となって、すでに当時の担当者から引き継いで伝聞となっている。

「除染は、二〇一二年から二〇一三年までに行い、前後して、国の除染ガイドラインができたようです。ただ、結果的には除染した後に環境省によって監査が行われ、適切だったと評価されています」と述べた。

国のガイドラインは、土壌を保管する場合の汚染濃度の測定や記録は指示したが、埋める場合の記録を残すことは指示していない。茨城県では空間線量を測っただけで、土壌の汚染濃度も量も把握していない。

シーベルトで表される空間線量は、汚染源である地面よりも高い位置で計測され、過小評価される。また、汚染された土ぼこりが舞い上がり、子どもが吸った場合、内部被ばくを起こす。その場合の被ばく量を推定するには、ベクレルで表される土壌そのものの汚染濃度が必要になる。

県の担当者は、「すべてをフレコンバッグに入れて埋めたので、経費を見積もった際のフレコンバッグの数を拾っていけば、全体の量を把握できる」と言う。

しかしそれでは土壌の体積しか分からない。どれだけ汚染されているかを知るには、やはり土壌の汚染濃度を計測しておく必要がある。

事故からたった数年しか経っていないが、すでにこのような状況となっている。

国はすべてを公表していない

環境省が公表した以外の地域でも、学校の除染は行われている。

神奈川県横浜市では、雨水利用の施設に溜まった汚泥や側溝などから、八〇〇〇ベクレル／キログラムを超えた汚泥が一七校で計二九〇八キログラム見つかった。八〇〇〇ベクレル／キログラム以下の汚泥が見つかった学校は二六校、計一〇・五トンにのぼる。除染土は、密閉容器にいれて、校内の児童生徒が立ち入らない場所や、施錠できる場所で保管を行っていた。

しかし、保護者や市議による働きかけにより、二〇一六年八月二九日に、これら計一三・四トンは、子どもたちの身の回りから遠ざけ、同市の鶴見区にある下水処理施設「北部汚泥資源化センター」に移すことが決定された。床面積が一〇〇平方メートルのコンクリートの建物を建て、二〇一七年三月までに運び出す計画だ。

一方、神奈川県横須賀市では、四三校で除染土を校内に埋立てていた。土壌濃度の測定は行われていない。二〇一六年八月に、保護者の案内でそのうちの一校を訪ねてみた。その場にいた用務員に尋ねてみると、当時のことは詳しく知らず、場所は、「多分、この辺だと聞いている」と述べた。

その後、二〇一六年九月になって、市の下水処理場「下町浄化センター」に運び出し、処分業者を探すことを市が決定した。

東京都大田区でも二〇校に埋められていることが分かっているが、公表されているのは除染後の空間線量であり、土壌の汚染濃度ではない。

除染のやり方で異なる「汚染状況」

この取材で奇妙だと感じたのは、約三〇〇キロ離れた横浜市の学校には、八〇〇〇ベクレル／キログラムを超える汚染土があるのに、茨城県の学校には存在しないことだ。

茨城県保健体育課によると、「側溝などは特に除染しませんでした」とのことだった。側溝には放射性物質が溜まりやすいことが知られている。このせいで八〇〇〇ベクレル／キログラムを超える土壌が出なかった可能性が高い。学校によって除染の「質」に差が生じているのだ。

福島県立小野高等学校平田校で教員を務める千葉茂樹生徒指導部長の言葉はそれを裏付ける。

千葉氏は、事故後に、県立図書館にあった放射線防護関係のすべての本を読み、計測器を何台も購入し、汚染濃度を把握、事業者が除染に来た時には、具体的に場所を指示してその数値を下げた経験を持つ。

「僕らだってそうだけど、事業者だって素人なわけです。見ていると、除染といっても水を撒いている程度。だから、どこが高いかを自分で測って、そばについて、『ここのこの土を取るように』と具体的に指示をしないと駄目だったんです」

抜け穴の多い放射能汚染ゴミの管理

本章で見てきたように、上下水道や家庭ゴミなどから生じた放射能汚染ゴミの処理方法は、焼却によってかさを減らし、焼却灰が八〇〇〇ベクレル／キログラム以下なら、最終的には山か海を潰してつくる最終処分場に埋立てるというものだった。

焼却灰は一部が濃縮されて八〇〇〇ベクレル／キログラムを超える指定廃棄物となる。また、焼却灰を九九・九パーセント回収するというバグフィルターの性能は万全ではないことも分かった。

さらに、海や山に埋めた放射能汚染ゴミが、漏れ出すかどうかは未知の領域であり、今後の監視が必要である。

一方、学校での除染による汚染土は、その敷地内に埋められたり、保管されていた。いくら管理しているからとはいえ、すぐ近くに共存していることに不安を抱く保護者も多い。事故から時間が経つにつれ、当時のことを知る人も少なくなっていくだろう。そのためにもきちんと記録を残すことが必要であるが、監督官庁である文科省は、その実態を把握していなかった。

さらに、学校によって除染の質に違いがあることも判明した。これで、本当に子どもたちの健康が守られると言えるのだろうか。

そのような状況で、国は八〇〇〇ベクレル／キログラム以下の放射能汚染ゴミを全国の公共事業で再利用しようとしているのである。

そこで次章では、放射能汚染ゴミ最大の発生源である、除染によって生じる廃棄物について、その処理や管理実態を追う。

第二章　放射能汚染ゴミのずさんな管理

放射能汚染ゴミの処理と管理実態

原発事故によって生じた放射能汚染ゴミは、「放射性物質汚染対処特別措置法」とその環境省令に基づいて、すでに処理が始まっている。この法律は、除染、放射性廃棄物の処理、中間処理施設について定めたものである。その中で汚染地帯が二つに分けられている。汚染が著しい一一市町村の全域または一部を「除染特別地域」と呼び、国が除染やゴミの処理を行うことにした（図9、10）。

それ以外の、空間線量が〇・二三マイクロシーベルト／時以上に汚染された地域は、「汚染状況重点調査地域」と呼び、自治体が除染し、ゴミの処理をすることにした（図11、12）。

また、この法律に基づく基本方針で、放射能汚染ゴミを可燃物と不燃物に分別し、燃やせるものは燃やして、かさを減らす。燃やせないもののうち、リサイクルできるものは資源として再利用するとした。

本章では、主に除染で生じる放射能汚染ゴミのうち、可燃物や不燃物がどのように処理・管理されているのかを明らかにする。さらに、八〇〇〇ベクレル／キログラム超の「指定

図9　除染特別地域に全域または一部を指定された自治体

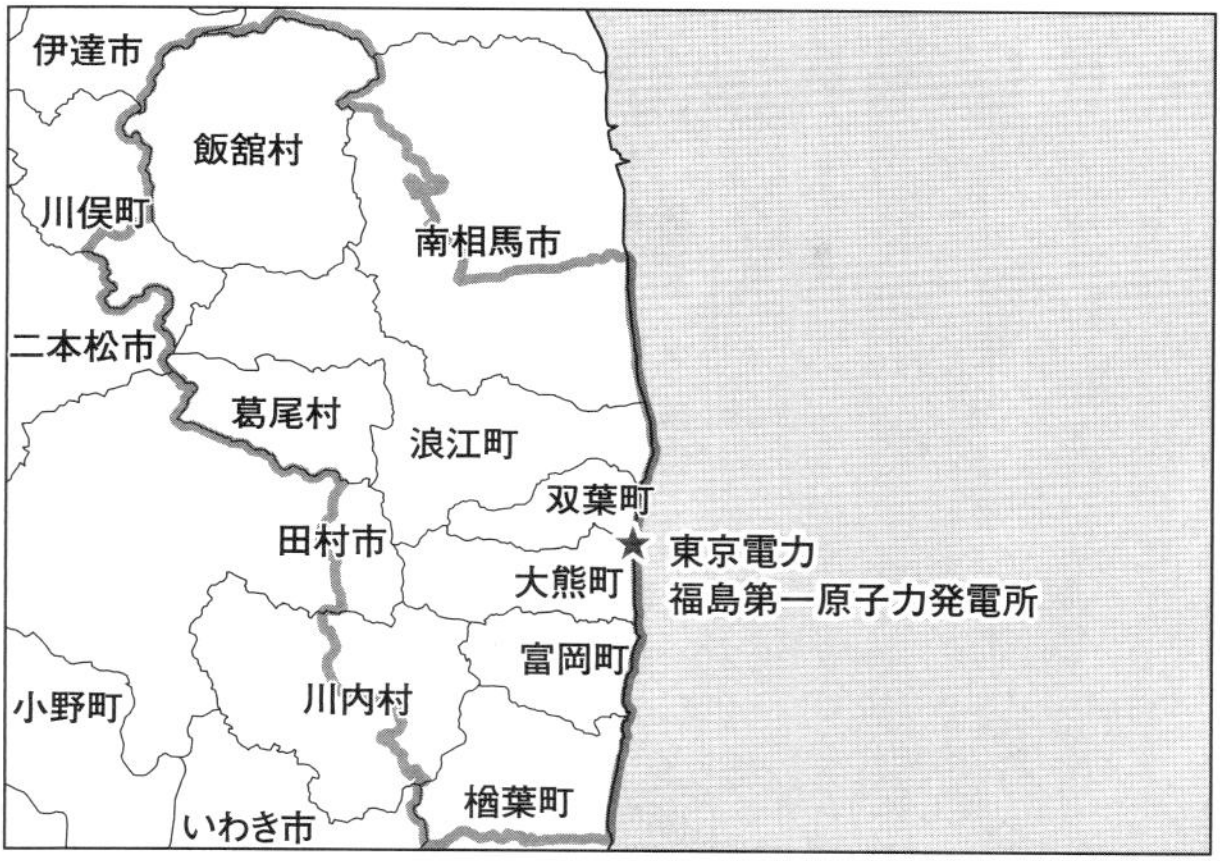

廃棄物」がどう扱われているかについても調査した。

果たして安全な管理がなされているのだろうか。

繰り返すが、国は八〇〇〇ベクレル／キログラム以下の放射能汚染ゴミを公共事業で使用しようとしている。その際、放射線防護策が徹底されるか否かは、今ある放射能汚染ゴミの管理実態が一つの目安となるはずだ。

「除染特別地域」の焼却施設

最初に、汚染の激しい「除染特別地域」にある可燃物について見ていこう。

図10　除染特別地域の除染土の仮置き場数と総量

単位：袋（＝1立方メートル）

所在地	仮置き場数	除染土
飯舘村	96	2,371,471
富岡町	8	1,163,618
浪江町	26	861,713
南相馬市	12	854,424
楢葉町	23	570,273
川俣町	43	620,412
葛尾村	29	365,359
大熊町	20	291,619
双葉町	7	131,274
川内村	2	93,844
田村市	6	32,631
合計	272	7,356,638

環境省「除染特別地域の仮置場等の箇所数・保管物数・搬出済保管物数」（2016年11月30日時点）より筆者作成。

国はまず、膨大な放射能汚染ゴミに対応するため、焼却施設の建設から始めた。燃やせばかさが減るので、環境省は焼却処理することを「減容化」と呼んでいる。また、焼却が終わったら解体撤去するので、一時的に建てるという意味で、「仮設焼却施設」と呼んだり、「仮設減容化施設」と呼んだりしている。

焼却炉で燃やす対象は、除染で出た「除染廃棄物」や、震災や津波などの「災害廃棄物」、片付けなどで出てくるいわゆる「片付けゴミ」（ただし可燃物のみ）だが、「除染特別地域」から出るゴミは、基本的に放射能に汚染されている。

図11　汚染状況重点調査地域に指定された自治体

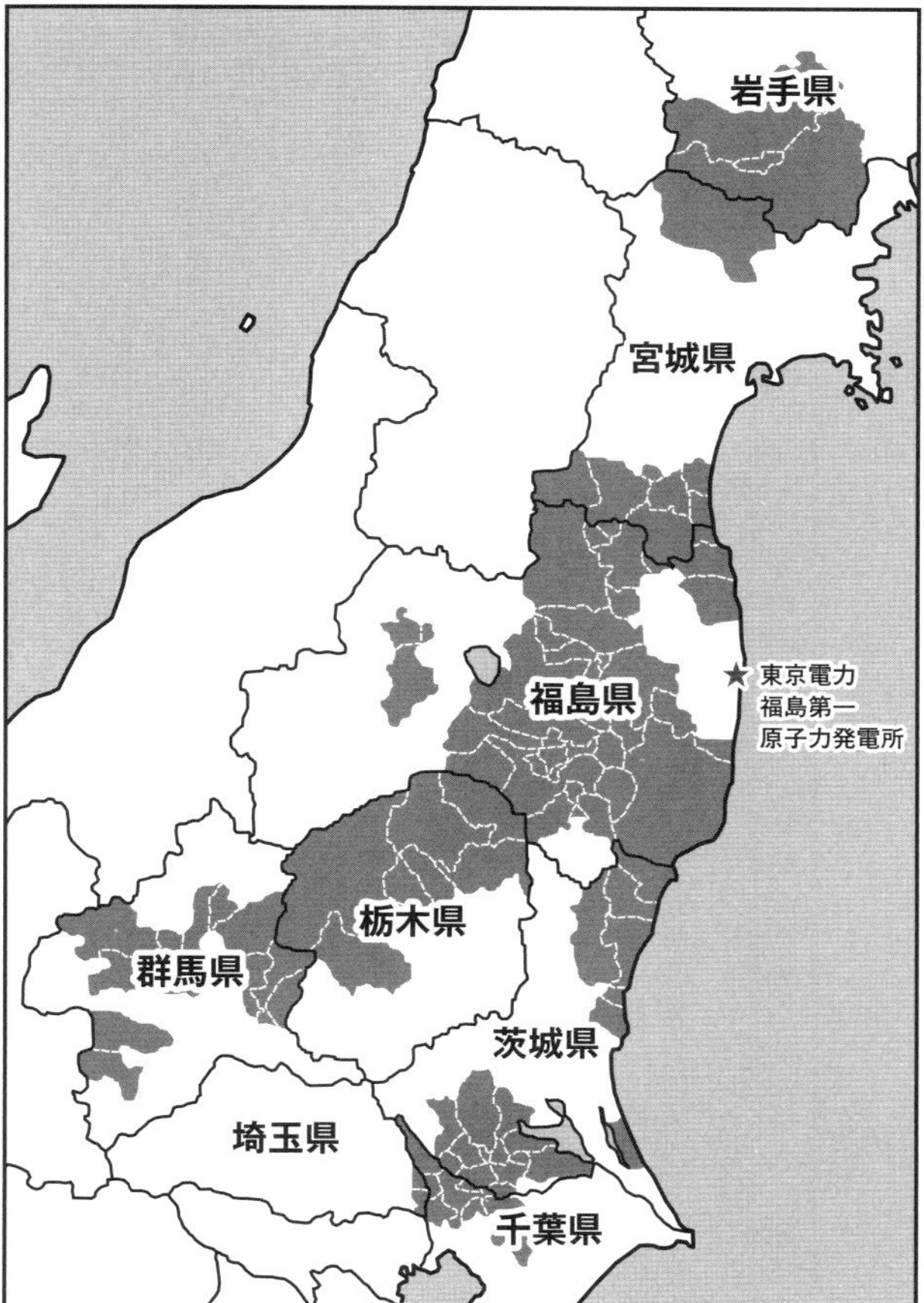

環境省「除染情報サイト」等より作成。（2016年11月時点）

図12　汚染状況重点調査地域の除染土と廃棄物の量

単位：㎥

	汚染状況重点調査地域を抱える自治体	除染土	廃棄物	合計
岩手県	一関市　奥州市　平泉町	24,888	24	24,912
宮城県	白石市　角田市　栗原市　七ヶ宿町　大河原町　丸森町　亘理町　山元町	26,121	69,624	95,745
福島県	福島市　郡山市　いわき市　白河市　須賀川市　相馬市　二本松市　伊達市　本宮市　桑折町　国見町　大玉村　鏡石町　天栄村　会津坂下町　湯川村　柳津町　会津美里町　西郷村　泉崎村　中島村　矢吹町　棚倉町　塙町　鮫川村　矢祭町　石川町　玉川村　平田村　浅川町　古殿町　三春町　小野町　広野町　新地町　田村市　南相馬市　川俣町　川内村	5,544,889	—	5,544,889
茨城県	日立市　土浦市　龍ケ崎市　常総市　常陸太田市　高萩市　北茨城市　取手市　牛久市　つくば市　ひたちなか市　鹿嶋市　守谷市　稲敷市　つくばみらい市　東海村　美浦村　阿見町　利根町	53,310	4,841	58,151
栃木県	鹿沼市　日光市　大田原市　矢板市　那須塩原市　塩谷町　那須町	100,544	35,587	136,131
群馬県	桐生市　沼田市　渋川市　安中市　みどり市　下仁田町　中之条町　高山村　東吾妻町　川場村	4,589	674	5,263
埼玉県	三郷市　吉川市	7,284	0	7,284
千葉県	松戸市　野田市　佐倉市　柏市　流山市　我孫子市　鎌ケ谷市　印西市　白井市	98,468	7	98,475

環境省「除染情報サイト」等より筆者作成。（2015年9月時点。福島県は2016年3月時点）

燃やすと、その焼却灰に放射性物質が濃縮されて、高濃度の汚染物質になる。焼却灰が八〇〇〇ベクレル／キログラムを超えたら指定廃棄物として申請し、環境大臣が指定して、国がつくる中間貯蔵施設へと運び出されるまで保管する。

もちろん、燃やす前から八〇〇〇ベクレル／キログラムを超えていれば、それも指定廃棄物だ。

その区域にある放射能汚染ゴミの焼却が終わったら、環境省は、焼却施設自体を除染して、解体撤去する。そしてリサイクルできる不燃物は、環境省が一般入札にかけ、「資源」として業者に買い取ってもらう。

ちなみに、「除染特別地域」の一一市町村では、双葉町《ふたばまち》と川俣町を除く九市町村で、環境省が焼却炉を建設し、放射能汚染ゴミを燃やす。

「汚染状況重点調査地域」の焼却施設

次に、空間線量が〇・二三マイクロシーベルト／時以上に汚染された「汚染状況重点調査地域」における可燃物の焼却施設について説明しよう。

この地域では自治体が中心となって除染をするが、焼却施設の建設は、国が代行した自治体がいくつかある。比較的規模の大きな市や町では、既存の施設や新たな施設の建設により、独自に処理をしている。

また、事故前から広域でゴミ処理を行っている伊達市、桑折町《こおりまち》、国見町《くにみまち》、川俣町では、伊達市霊山町《りようぜんまち》に、一日一三〇トン、総量で一五・四万トンを焼却する予定で、仮設焼却施設を建設し、二〇一五年四月に稼働を開始した。

ところが、新たに稼働した焼却炉で、さまざまな問題が発生している。

爆発騒ぎから始まった放射能汚染ゴミの焼却

例えば、福島県鮫川《さめがわ》村の仮設焼却施設では焼却処分の最中に爆発が起こった。この村は、福島県の南端に位置し、茨城県境と接する山あいにある。福島第一原発からは遠く離れているが、それでも、八〇〇〇ベクレル／キログラム超の汚染された稲わらや落葉などの「指定廃棄物」が出た。ここは「汚染状況重点調査地域」に指定されているが、この鮫川村が指定廃棄物を焼却処分する初めてのケースとなった。

福島県の各主要都市から遠く離れており、最寄りのいわき市からでさえ車で一時間半もかかるような人目の届きにくい場所である。環境省は、焼却炉を建設・運営する日立造船に対し、仕様書で「公道から見えないよう」に建設することを指示した。

写真2　鮫川村の仮設焼却施設

実際に現地へ行っても、公道からは建物の上部が少し見えるだけだ。ゲートが設けられ、〇・一一ミリシーベルト／時などと、空間線量を表示するモニターだけが目立つ（写真2）。

この施設の運営・管理のずさんさが露呈したのは、稼働から九日目の二〇一三年八月二九日のことだった。

この日の一四時半頃、爆発が起きたのだ。住民はその音で事故に気付いたが、日立造船は、消防署にも警察にも通報しなかった。

発注者である環境省がこの事故について住民に説明を行ったのは、なんと二ヵ月以上も後のことだった。

「仮設焼却施設で主灰コンベアの覆いの一部が破断」、「主灰を排出するゲートシリンダを閉め忘れたため、可燃性ガスが、主灰コンベア内に滞留し着火したことが原因」と報告した。

環境省は、操作については「マニュアル違反」だったと説明したが、「爆発」という言葉は使わず、説明会では、隣町に住む住民の参加すら拒否した。

そんな時、隣の塙町《はなわまち》に住む和田央子さんが、「環境省は問題だらけの焼却炉を建てては壊している。それなのに、地元のマスコミがなかなか取り上げてくれない。取材をしてくれませんか」と連絡をくれた。和田さんは、夫婦で関東圏から移住し、鮫川村にパン工房を構えた直後に震災に見舞われた。爆発騒ぎを聞きつけ、住民説明会に出かけても、隣町の住民だからと、入れてもらえなかった。

環境省の対応のひどさに、和田さんは情報収集を始めた。そして、「放射能ゴミ焼却を考えるふくしま連絡会」を結成し、そこで得た情報を、他地域の住民や県内外のマスコミに提供する活動を続けている。

粗い見積もりで過大な施設を建設

和田さんが指摘した問題の一つは、ゴミの量に対して焼却施設が過大だという点だ。鮫川村では、当初六〇〇トンと見積もられていた放射能汚染ゴミの量が、最終的には四分の三以下の四一五トンに減った。

相馬市では、一日五七〇トンを燃やせる最大級の施設を作ったが、実際にはゴミが九万二〇〇〇トンと少なく、五ヵ月で燃やせる量を一年九ヵ月かけて燃やした。同じ期間をかけるなら四分の一の焼却炉で済んだ。

この点を、二〇一五年五月、環境省福島環境再生事務所に尋ねると、「事前に一部のゴミを選別して可燃物の割合を推計したが、意外と土砂の割合が多かった」とのことだった。

写真3　飯舘村蕨平地区の仮設焼却施設

稼働した日から問題続きで設計からやり直し？

福島県飯舘村の蕨平《わらびだいら》地区にできた仮設焼却施設でもトラブルが発生した（写真３）。

この施設には、飯舘村内からだけではなく、福島市、南相馬市、伊達市、国見町、川俣町の五市町からも、解体家屋や除染ゴミや下水汚泥が運び込まれることになった。

しかし、二〇一五年一一月に稼働を始めたその日のうちから不具合が起きた。前出の環境省福島環境再生事務所によれば、二〇一六年五月からは稼働を休止し、設計からやり直すとのことだった。

環境省は「当初の見込み以上に、除染廃棄物及び農林業系廃棄物が湿っており、前処理の効率が低下している」と、停止の理由を述べた。

しかし、取材してみると内情はより深刻だった。

この焼却施設では、搬入されたフレコンバッグごとゴミを破砕機にかける前処理をしてから、焼却炉に入れ、燃やす設計になっていた。

ところが、フレコンバッグごと破砕できるはずが、ヒモが食い込んで絡んだ。また、畳などが挟まって砕けないと、その度に破砕機がストップした。

さらに、本来はないはずの不燃物であるホイールがついたタイヤやハンマーが含まれ、その度に破砕機が壊れ、作業が滞った。

再び動かすため、高濃度に汚染された粉じんが舞う破砕室に人間が入り、絡まったゴミを外す作業が必要となった。

結局、設計を行った日揮の負担で、最初からやり直すことになった。

二〇一六年一〇月頃から再稼働の予定だとしていたが、実際には、単に「破砕機を入れ替え、施設を多少、改造して九月に稼働した」（減容化施設整備課）と言う。なお、施設の停止についても再稼働についても、環境省のウェブサイトでは情報を公開していない。

放射能汚染ゴミ再利用のための実験施設

飯舘村の蕨平地区には、「仮設焼却施設」の裏手に「仮設資材化施設」という名の建物ができていた。

一体、これは何なのか。

環境省に取材すると、「焼却灰と除染土をそれぞれ五〇〇トンずつ混ぜてから、セシウムを取り除き、資材化する実験施設であり、土砂からセシウムを取り除く技術をここで開発・実証する」とのことだった。

二〇一六年度末に成果を見定め、二〇一七年度以降にこの業務を続けるかどうかを判断し、二〇一九年までに解体・撤去をするとしている。

この施設は、環境省から、日揮、太平洋セメント、太平洋エンジニアリング、日本下水道事業団、農業・食品産業技術総合研究機構が共同で受注し、建てられた。受注額は三〇億円。大規模な実験施設だ。

公開資料によると、ここで行われているのは、「熱処理」の実験であった。その流れはこうだ。

まず、放射性セシウムが含まれる焼却灰と除去土壌を混ぜる↓一三五〇度で加熱してセシウムを気化させる↓気化したセシウムを冷却してバグフィルターで集める↓気化せず残ったものを資材として利用する。

気化させて集めた高濃度のセシウムを「副産物」、セシウムを気化させた後に残ったものを「生成物」と呼び、双方の放射能を測定して結果を公表している。例えば、二〇一六年六月五―一〇日に行った実験では、六万ベクレル／キログラム以下の汚染土から、四〇ベクレル／キログラム以下の「生成物」二八・三トンと、三四～四二万ベクレル／キログラムまで濃縮された「副産物」八〇〇キログラムを得た。

「実証事業の概要」には「副産物」と呼ぶ濃縮セシウムは、「搬出が可能となり次第、国が責任を持って施設外へ搬出します」とし、「生成物」は「再生利用可能な用途についての検討を行います」と書かれていた。

なお、環境省は気化したセシウムはバグフィルターで九九・九パーセント回収できるとのお墨付きを「災害廃棄物安全評価検討会」（第三章で後述）で得ている。

一方、気化した排ガス中の放射能濃度の基準は、一立方メートル当たりのセシウムの総和が概《おおむ》ね五〇ベクレルと緩くなっている。ただし、今のところ排ガス中の放射能濃度は毎月「ＮＤ」（検出下限値＝二ベクレル／立方メートル未満）と公表されている。

施設が作られた場所は全村民が避難した地域で、もともとの空間線量が事故前と比べれば数倍高い。実験開始前の二〇一六年三月には、仮設資材化施設外で〇・一六～〇・一九マイクロシーベルト／時だった。

それが、実験開始後に微妙に上がり始め、六月九日には〇・一九〜〇・二二マイクロシーベルト／時となった。最大で〇・二五マイクロシーベルト／時まで上昇した日もある。

また、処理済みの「生成物」の置場前では常に〇・五〜〇・六超マイクロシーベルト／時と、高線量で推移している。

内部の見学取材を事前に申し込んでも「安全性」を理由に不許可となった。

このように、焼却施設の裏で、再生利用を意図した施設がつくられている。バグフィルターの性能が九九・九パーセントではないことは前章で述べた。放射能で汚染された排ガスが外部に漏れている可能性は否定できない。再利用の実験をする前に、バグフィルターの問題を解決する方が先ではないだろうか。

作業員に被ばくを強いる焼却施設

二〇一六年九月一三日、大熊町《おおくままち》で仮設焼却施設の起工式が行われた（写真4）。

福島第一原発の所在地である大熊町の大部分は、依然として帰宅困難区域にある。そこには事前の届出なしに入ることはできない。接する道路上には、ゲートかバリケードが設けられ、無断では侵入できないようにしてある。

起工式は、焼却炉をこれから建てる場所で行われた。福島第一原発の敷地境界線からはわずか一・五キロメートルの距離だ。福島第一原発の中心部から最大半径八キロメートルにわたって二〇一五年三月一三日から三〇年以内の期限付きで設けられる、広大な「中間貯蔵施設」敷地の一角にある。

写真４　大熊町の仮設焼却施設の起工式

この仮設焼却施設は、二〇一八年二月までに完成させ、二〇二二年まで稼働させる計画だ。ゴミが出た場所で燃やすことは、一見、合理的に思える。

しかし、大熊町の場合、そこで焼却炉を建設・稼働することは、被ばくを避けるために設けられた帰宅困難区域に、わざわざ人を出入りさせるという矛盾をはらむ。

起工式の予定はマスコミ向けに公表された。事前に申し込み、隣の富岡町《とみおかまち》の「居住制限区域」にある営業休止中のコンビニエンス・ストアの駐車場で待ち合わせ、環境省が用意するバスで出発するというものだった。待ち合わせ場所ですら〇・二三マイクロシーベルト／時だった。

環境省のバスに乗り込み、「ここから帰宅困難区域」の看板が立つゲートで身分証のチェックを受け、出発から一〇分ほどで起工式会場に到着した。

会場は、起工式のために新しい砂利が敷かれ、テントで覆われていた。それでも簡易測定器で測ると、会場内のあちこちで〇・九マイクロシーベルト／時が表示される。この場所に焼却炉を建てて稼働することは、通勤時間も含めて、そこで働く人に被ばくを強いることになる。

起工式後のぶら下がり会見で、伊藤忠彦環境副大臣に、帰宅困難区域に「減容化施設」をつくることは、被ばく労働を強いることになるのではないかと尋ねたが、副大臣は次のように回答した。

「むろん作業をしていただく方々も含めて、ご健康への留意というものは、しっかりとさせていただいた上で、この事業を進めさせていただきたいと思っております」

しかし、起工式で、副大臣の他、渡辺利綱大熊町長、鈴木光一大熊町議会議長、自治会長、復興庁の福島復興局長、福島県の出先機関である「相双地方振興局」の局長、それに記者団を含めて一〇〇人近くが集まった中で、誰一人、防護服もマスクも着けていなかった。空間線量を確認し、マスクを着けていた私の方が異様に見える空間だった。

帰宅困難区域内で行う起工式で、誰にも放射線防護策を取らせない環境副大臣に、「健康への留意は」、「しっかりと」と言われても、説得力はなかった。

すでに始まっている汚染された金属のリサイクル

ここまでは、放射能汚染ゴミのうち、主に除染で生じた可燃ゴミの処理について見てきた。

では、不燃物はどう処理されているのか。

繰り返すが、環境省は、放射性物質汚染対処特別措置法の基本方針で、汚染地域にある廃棄物であっても、リサイクルできるものは資源として利用すると定めていた。

それに基づいて、汚染地域で被災したビルや家屋の解体撤去が始まっている。また、放射能汚染ゴミを焼却する減容化施設も、焼却が終われば、解体される。これらは、「有価物」、「産業廃棄物」、「建設廃棄物」などに分別し、処理される。

環境省は、こうした「有価物」を買い取る業者や、「産業廃棄物」、「建設廃棄物」を処理する業者を、入札にかけて選定する仕組みをつくった。

例えば、福島市下水道管理センター内の減容化施設の建設から運営・解体までを受注した新日鉄住金エンジニアリング、三菱総合研究所、日本下水道事業団の三社がまとめた「委託報告書」をもとに取材を進めると、減容化施設の解体後の流れが見えてきた。

まず解体ゴミは〇・五マイクロシーベルト／時以下に除染される。金属くず（プラント鋼材、形鋼類、鉄筋、波板、鉛板、アルミ、ステンレス）約五〇〇トンについては、「有価物」として、宮城県石巻市の産廃業者「鈴勇商店」が買い取った。

鈴勇商店は産廃や鉄くずの受入れ基準を「〇・三マイクロシーベルト／時」と定めている。トラックを所内に運び入れる際に、〇・三マイクロシーベルト／時以上を検知すれば、受入れない。それ以下なら通常の金属くずと同じで、受入れた後はどこにでも売るのだと言う。金属くずの場合、売却先は基本的にはメーカーで、メーカーはそれを融かして金属として再利用する。

出す側では、解体時、〇・五マイクロシーベルト／時までしか除染していないのに、受入れる側の基準は〇・三マイクロシーベルト／時となっている。受入れ基準よりも高い濃度では引き取らないはずなのに、どういうことか。

〇・五マイクロシーベルト／時以下まで除染する根拠は何かと、福島瑞穂《みずほ》参議院議員が環境省の廃棄物・リサイクル対策部に尋ねた。

回答は文書で行われ、「それぞれ独自で定めている基準であり、その基準の設定方法は業者ごとに異なります」というものだった。

つまり、事業者の自主基準に任せていたのだった。

これは、原子炉等規制法に基づく原発の運転過程で生じる低レベル放射性廃棄物の扱いとは、まったく異なっている。原子炉等規制法では、人の管理の手から離れて外に出してよい基準をクリアランスレベルといい、セシウムで一〇〇ベクレル／キログラムというように、放射性核種ごとに定めてある。原発施設などで使われたものを市場でリサイクルする場合は、どのような放射性核種を帯びたのかなどを原子力規制委員会に申請して、その基準をクリアしているかどうかの確認を受ける。

しかし、原発施設でもない下水道施設に建てられた仮設減容化施設は、その規制を受けるわけではない。原発事故を原因として放射能を帯びた金属がリサイクルされることについては、特に監視する組織も存在せず、自主基準で取引が成り立っている。性善説で流通しているのだ。

ちなみに、福島市下水道管理センターの仮設減容化施設は、高圧水洗浄などで除染が行われた。洗浄した後の水は、再び処理工程に戻し、最終的には阿武隈川《あぶくま》へ排出された。「放射性物質汚染対処特別措置法」に基づく排出基準はあるが、総量規制はない。薄めて出し続ければ、事実上、無制限である。

火災事件で問われる指定廃棄物の管理責任

このように放射能汚染ゴミの取扱いには不安な点があるが、そんな中、驚くべきトラブルが起きた。

郡山市内の産廃処理業者「郡山リサイクル協同組合」（写真5）で二〇一六年五月一六日に起きた指定廃棄物の火災である。繰り返しになるが、指定廃棄物とは、八〇〇〇ベクレル／キログラムを超える放射能汚染ゴミで、環境大臣に報告または申請し、指定を受けるので「指定廃棄物」と言う。この火災では、郡山リサイクル協同組合が保管する指定廃棄物が燃えた。

写真5　郡山リサイクル協同組合

火災から約一ヵ月後、環境省に取材を行った。しかし、原因を聞いても「不明」、燃えたフレコンバッグの数を聞いても「不明」、近隣住民への注意勧告は「行わなかった」と回答。管理の責任は郡山リサイクル協同組合にあるというスタンスだった。

埒《らち》があかないので、現場へ行くと、郡山リサイクル協同組合の管理者である矢野和宏専務理事が取材に応じてくれた。火災の通報は、五月一六日未明にあり、消防署からの電話で起こされ、矢野氏は現場へ急行した。

矢野氏は、「出火元はフレコンバッグの保管場所に隣接した倉庫」、「一番燃えたのは倉庫にあったスペアタイヤで、壁伝いにフレコンバッグの保管場所にも延焼した」と述べた。

また、火災に遭ったフレコンバッグの数を尋ねると、「八〇〇個強置いてあったフレコンバッグにも燃え移った。いくつ燃えたかなんて分からない。消防が来た時に、フレコンバッグを破いて（中身を）かき出すようにして消火した。だから、いくつ燃えたかなんて聞かれても分からない」というのだった。

フレコンバッグの数は、前述の「放射能ゴミ焼却を考えるふくしま連絡会」の和田央子さんらによる開示請求などでもっと多いことが分かった。その数は一二六〇個で、セシウム濃度は八八〇〇─七万八三〇〇ベクレル／キログラムだと書かれていた。消火に当たった消防隊員は、そうとは知らずに七万ベクレル超の放射性物質に触れた可能性がある。さらに、中身をかき出すようにして消火したとのことだが、フレコンバッグに詰めた高濃度の放射能汚染ゴミが再び周囲に飛散したはずだ。それでも、周辺に注意勧告をしなかったのは、住民の安全をないがしろにしている。

放射性物質汚染対処特別措置法では、「指定廃棄物」を指定するのは環境大臣だが、国にそれを引き渡すまでの責任は保管している人が負う。この制度は、環境省から見れば指定廃棄物を保管する人がきちんと管理してくれることを前提にした制度だ。

一方、保管をしている側から見れば、原発事故後に、突然課された新たな制度だ。放射線障害について詳しいわけではない。保管にかかった費用は、国を通して東電に求償できるが、矢野氏はそうした事務作業にかける時間も人材もないので、「おたがいさま」の精神で支払いを求めていないとのことだった。

火災現場から離れた場所の空間線量を表示

この火災について、環境省の福島環境再生事務所は、五月一六日のうちに福島県政記者クラブに二枚の紙で通知していた。火災の通報時刻の他、鎮圧を確認した時刻が五時四一分などと記され、「人的被害や周辺の建物等への被害はなし」、最後に「出火地点近くのモニタリングポスト（大口原緑地）の値は、（略）大きな変化はありませんでした」とあった。

図13　8000ベクレル／キログラムを超える産業廃棄物の焼却灰を保管している自治体とその量

所在地	件数	数量（トン）
福島県	147	3,794
千葉県	2	1
東京都	1	1
合計	150	3,796

環境省「指定廃棄物の数量」（2016年9月30日時点）より筆者作成。小数点以下は四捨五入。

しかし、モニタリングポストのある「大口原緑地」から火災現場までは車で一〇分の距離にある。その間には人家も田畑も道路も工場もある。数値に大きな変化がなかったからといって、その間の住民の安全が確かめられたことにはならない。

そこで現在、八〇〇〇ベクレル／キログラムを超える指定廃棄物である産業廃棄物の焼却灰はどれぐらいあるのかを調べた。この一件のように、いつまた火災が起こるか分からない。自分の住む街のそばに、火災のリスクを抱えた指定廃棄物が存在するかもしれないのである。

二〇一六年九月現在で、産業廃棄物業者が抱えている産業廃棄物の焼却灰の件数は、福島、千葉、東京で一五〇件、三八〇〇トン近くに上っていた（図13）。

環境省は、一般向けのＱ＆Ａで、指定廃棄物は「フレキシブルコンテナなどへの収納または梱包」をすればよいとしている。また、「長期的には自然災害などの心配もあり、できるだけ早期に、より安全な方法で処理することが必要である」と予防線を張っている。

しかし、今後、何年も保管が続くのであれば、本当にフレコンバッグでの保管でよいのか、もっと強固な入れ物でなくてよいのか、また、数千から数万ベクレル／キログラムの灰が火災で舞い上がった場合に、周辺に暮らす住民や、消防活動に当たる消防士や消防団の健康を守るために、どのような被ばく防護を行うのかといったことも検討されるべきだが、これらについては、まったく話し合われていない。

ごく普通の焼却炉で放射能汚染ゴミが燃やされている

他にも考えるべきことがある。

既存の古い焼却炉で、汚染された放射能汚染ゴミが大量に燃やされており、その焼却灰が次々と指定廃棄物になっていることだ。

このような放射能汚染ゴミを普通の焼却炉で燃やしてもよいのだろうか。この火災で取材に応じてくれた前述の矢野氏によれば、焼却灰のうち、燃えがらなど「主灰」は焼却炉の下部に落ちるが、濃度の濃い軽い「飛灰」は飛んで、煙突から外に出ていかずにバグフィルターに捕らえられる。九九・九パーセント捕捉できるから大丈夫だと言う。

ここでも、「バグフィルター九九・九パーセント回収説」が浸透している。前章でも述べたが、原発では放射線管理経験者が筆者に語ったように、事故前も後も、焼却炉を覆う施設を減圧して、万が一にも放射性物質が外部に漏れないよう徹底している。

しかし今、家庭ゴミや産廃を燃やしてきた、ごく普通の焼却炉で放射性物質を燃やしているのだ。

「バグフィルター九九・九パーセント回収説」を検証

ここまでに度々登場した「バグフィルター九九・九パーセント回収説」であるが、矢野氏だけでなく、前章で紹介した東京都の下水道局の担当者のように、自治体職員の口からも、異口同音に聞く話である。

その根拠は「専門家がそう言っている」、「国がそう言っている」というものが大半だが、この主張の大元を辿《たど》ると、二〇一一年五月に環境省が設置した「災害廃棄物安全評価検討会」の資料にあった。この検討会については次章で詳述するが、委員である国立環境研究所の大迫《おおさこ》政浩資源循環・廃棄物研究センター長の資料（第一回）には、「近年の廃棄物焼却炉は排ガス処理においてバグフィルター方式を採用しており、高い集じん効率が確保されている」という記述があり、バグフィルターはほぼ一〇〇パーセント、電気集塵機なら平均粒子径付近で九九・九パーセント回収できるという数値が記されている。

第二回の大迫氏の資料には、バグフィルターなどによって粒径二・五マイクロメートルの粒子が五〇パーセント含まれるPM2・5が九九・九パーセント回収できるとあった。

仮にこれが正しかったとしても、四〇万ベクレル／キログラムで〇・一パーセント回収できないのなら、一キログラム当たり四〇〇ベクレルは空気中に逃げていくことになる。

大迫氏の資料をさらに読むと、日本原子力研究所が一九九〇年に出した「極低レベル固体廃棄物合理的処分安全性　実証試験報告書」が引用されていた。この報告書を入手したところ、バグフィルターの素材、使用／未使用、逆洗により、回収の効果は異なるとあった。これは何を意味するのか。

それについてよく分かる書籍がある。経済産業省の産業技術環境局が監修した、二〇〇二年版の『公害防止の技術と法規　ダイオキシン類編』だ。この書籍によれば、バグフィルターが未使用の場合よりも、少し使って目が詰まった方が、回収の効果は上がる。ただし、完全に目詰まりを起こせば、回収不能となる。そこで時々空気を使ってバグフィルターについた灰の「払い落とし」をするとの解説がある。

報告されている調査結果によれば、バグフィルターが未使用の状態では五マイクロメートルなら八割程度を集塵できるが、一マイクロメートルを下回ると三割以下しか集塵できない。つまり、五マイクロメートルという大きな粒子でも二割はすり抜けてしまう。

京都大学大学院医学研究科の研究者らが二〇一一年七月に福島市内で放射性セシウムの粒の大きさを測定したところ、粒径二・二マイクロメートルよりも小さいものがあることが分かった。セシウム一三四の粒子で粒径二・二マイクロメートルよりも小さいものは、六三パーセント、一三七では六四パーセントを占めていた。これらを合わせて考えれば、やはりバグフィルターの性能は万全ではないことが推測される。

バグフィルターが完全でないことは、業界団体も気付いている。二〇〇八年に、社団法人「日本機械工業連合会」と社団法人「日本粉体工業技術協会」が共同で、バグフィルターと集塵機の課題について報告書を出した。バグフィルターのユーザに対するアンケート結果も載っている。注目すべきは、バグフィルターによって起きたトラブルだ。目詰まり、破損、排気粉じん漏れまで、さまざまなトラブルや課題が認識されている。

こうした情報をもたらしてくれた市民環境調査グループ「たまあじさいの会」の中西四七生さんは、「九九・九パーセントは神話でしかなかった」と言う。

何ベクレルのゴミを燃やしているか分からない

話を元に戻すと、この火災の取材で発見したことが、もう一つあった。産廃業者が燃やせる放射能汚染ゴミの濃度の上限もまた、自主基準に任されているということだ。

たとえ何万ベクレルに汚染された放射能汚染ゴミであろうと、老朽化した焼却炉で燃やすことを止める制度はない。

郡山リサイクル協同組合の場合、受入れている可燃物は、森林整備で出る木材の皮や、解体家屋から出る木くずなどだ。

前述の矢野専務理事によれば、郡山リサイクル協同組合にも受入れの自主基準があり、当初はトラックに産廃を積載したままで測れる感知器を取り付け、〇・三マイクロシーベルト／時に設定していた。

しかし、「ピーピー鳴るのでやり方を変えた」という。「産廃の受入れ契約をする時に、〇・三マイクロシーベルト／時以上は持ち込まない条件で契約をすることにした」とのことだった。

それは契約書に書いてあるのかと聞けば、「書いていない。もしも抜き打ち検査をやって〇・三マイクロシーベルト／時以上が出たら、二度と受入れをしないということを条件に契約を結んである」という。

もし抜き打ち検査さえしなければ、持ち込む側も、受入れ側も、どのくらいの濃度の放射能汚染ゴミを燃やしているかは永遠に不明である。

このように産業廃棄物業者はすべて自主基準で焼却している。では、産業廃棄物業者は一体、福島県内でいくつあるのか。許可権限を持つ自治体に問い合わせてみると、福島県が許可した業者だけで一二業者、中核市である郡山市で三業者、いわき市で六業者ある。

また、こうした焼却炉で発生する八〇〇〇ベクレル／キログラム以下の焼却灰が埋立てられることになる最終処分場を持つ福島県内の産廃処理業者は約二〇社ある。

それぞれが皆、自主的な受入れ基準で放射能汚染ゴミを燃やしていたら、一体どのようなことになるのだろうか。

技術も法制度も穴だらけ

本章では、主に除染によって生じた放射能汚染ゴミがどのように扱われているかを見てきた。

その結果、燃やせるゴミは、新たにつくった「仮設焼却施設」、または事故以前からある普通の焼却炉で、放射線管理が徹底されずに焼却されていることが明らかになった。

その前提には、飛灰に含まれる放射性物質はバグフィルターにより、九九・九パーセント回収できるという「説」があるが、業界やメーカーの資料・証言で、そのような性能は常に望めるわけではないことも分かった。

また、処理の過程で爆発や火災など緊急事態が起きても、住民に周知したり、保護したりする体制が整っていないことも露《あらわ》になった。

加えて、そうした現場で働く労働者の健康を守る十分な体制も整っていない。

さらに、金属リサイクルなどは自主基準によって進められ、福島県内からすでに業者の手で流通していることも分かった。技術的にも、法制度的にも、穴だらけであった。

これらの実態を考えると、国が進めようとしている八〇〇〇ベクレル／キログラム以下の放射能汚染ゴミを全国の公共事業で再利用するということは、無謀としか思えない。

次章では、その「原点」に遡り、一体誰が、どのように進めてきたのかを突き止める。

第三章　誰が「八〇〇〇ベクレル」を持ち出したのか？

基準を八〇倍も緩めた環境省

原発事故前から、放射能によって汚染された廃棄物をリサイクルする基準は存在していた。前述したように、これをクリアランスレベルというが、これは放射能を帯びた金属やコンクリート、ガラスなどを、放射性物質として扱う必要がなくなる基準である。その基準は、放射性セシウムで一〇〇ベクレル／キログラムであった。実は、今でもそれは一〇〇ベクレル／キログラムのままなのであるが、環境省は、原発事故によって生じた放射能汚染ゴミについてはその八〇倍も緩い基準によって、公共事業で再利用しようとしている。

放射性物質が人体に影響を及ぼすことが判明して以来、その影響から健康を守る放射線防護の考え方が発達し、放射性物質の利用を規制する法律ができた。

クリアランスレベルとは、人の管理を離れ、市場で自由に流通してもよいというレベルであるから、当然、人の健康に影響しない線量でなければならない。

放射線防護の考え方

こうした放射線防護の考え方は、本書でこれから展開する、環境省による「二重基準問題」と深く関わるため、その歴史を簡単に見ておこう。

放射線防護は、核兵器を含む原子力を利用する業界が、放射線を使う労働者の被ばく線量限度を定める形で、一九二〇年代から発達させてきた。

それは、放射線医師や技師にがんが多発し、一九二七年にアメリカの研究者H・J・マラーがショウジョウバエを用いた実験で放射線による突然変異を発見した時代だ。

一九二八年にイギリス、アメリカ、ドイツ、スウェーデンから集まった科学者が、放射線による職業病を防ぐ学術組織「国際X線およびラジウム防護諮問委員会」を設立。原子力の利用を前提に、労働者の一日「耐容線量」を定めて勧告する活動が始まった。

一九四五年の原爆投下直後に、先述のマラーが、放射線による人類への悪影響について危険性を訴え始めた。これに対し、原爆の開発を進めるアメリカは、関係国の軍部と調整し、一九五〇年に「国際X線およびラジウム防護諮問委員会」を前身とする「国際放射線防護委員会」（ICRP）が初めて開かれた。また、一九五七年には、原子力推進に取り組む「国際原子力機関」（IAEA）ができた。

どちらも原子力の利用・推進を前提にした組織で、ICRPが放射線防護に関する勧告を発し、IAEAが放射性物質管理の規制基準を定めるなどの役割分担をしてきた。

経済性を考慮した被ばく限度

放射線による健康被害の研究が進むにつれて、勧告は、放射線を使う労働者だけではなく、公衆、つまり一般の人々の被ばく線量限度も定めるようになった。

しかし、どちらの線量制限も、「合理的に達成できる限り低く(as low as reasonably achievable)」でよいと表現されている。頭文字をとって「ALARAの原則」と呼ばれている。経済的及び社会的要素を考慮した上で、被ばく線量を容易に達成できる限り低く保つべきであるという意味である。

その結果、ICRPによる放射線業務従事者の被ばく線量限度は、一九五〇年代に年間五〇ミリシーベルトとされて以来、基本的に変化がない。

一方で、公衆の被ばく線量限度は一桁小さい年間五ミリシーベルトから始まり、核実験の反対運動や反原発運動の高まりと共に、さらに引き下げられてきた。同じ人間でありながら、より高い被ばく線量を放射線業務従事者に強いて、原子力利用を成り立たせているのが、ＩＣＲＰであり、ＩＡＥＡだ。

そして一九九〇年のＩＣＲＰ勧告では、放射線業務従事者は年間五〇ミリシーベルトのままでありながら、公衆は年間一ミリシーベルトという被ばく限度が示された。

クリアランスレベルはどのように決められたのか

そしてＩＡＥＡは、このＩＣＲＰ一九九〇年勧告をもとに、一九九六年に「国際基本安全基準」を定めた。その中で、先にふれたクリアランスレベルも定めた。

クリアランスレベルは、公衆の被ばく線量限度である年一ミリシーベルトの一〇〇分の一となるよう、放射性物質の許容濃度を決めている。つまり、一ミリシーベルト／年＝一〇〇〇マイクロシーベルト／年の一〇〇分の一で一〇マイクロシーベルト／年がクリアランスレベルとなる。

具体的には、一人の人が受ける線量が年一〇マイクロシーベルト以内になるよう、三〇〇種の放射線核種についてクリアランスレベルを決めた。例えばセシウム一三四や一三七は、それぞれ単独の上限が一〇〇ベクレル／キログラムだ。二種が組み合わさった場合は、二種の合計が一〇〇ベクレル／キログラム以内にならなければならない。

そしてＩＡＥＡ加盟国が、このクリアランスレベルを、それぞれの国の法制度の中に位置付けて、規制を行っている。二〇一六年二月現在、加盟国は一六八ヵ国あり、日本はその一つだ。

ＩＡＥＡの八倍高いクリアランスレベルを提案

日本の場合は、ＩＡＥＡが定めたクリアランスレベルを、二〇〇五年五月の原子炉等規制法の改正を踏まえて、同年一二月に経済産業省の省令で位置付けた（現在は、原子力規制委員会が所管）。通称を「クリアランス省令」といい、ＩＡＥＡが定めた三〇〇種のうち、主だった三三種類の放射性物質のクリアランスレベルを導入した。セシウム一三四、一三七は一〇〇ベクレル／キログラム、ストロンチウム九〇は一〇〇〇ベクレル／キログラムなど、三三の核種ごとに定められている。

ところが、そこに至るまでには紆余《うよ》曲折があった。現行のＩＡＥＡのクリアランスレベルを国内制度化する議論を始めたのは二〇〇四年六月。原子力安全委員会（当時）の専門部会だった。この時の部会長は田中知《さとる》東京大学大学院工学系研究科教授。後に原子力規制委員となった。

この部会は、ＩＡＥＡが定めた放射性核種の何倍も高いクリアランスレベルを提案した。例えば、セシウム一三四はＩＡＥＡの五倍も高い五〇〇ベクレル／キログラム、一三七はＩＡＥＡの八倍も高い八〇〇ベクレル／キログラム、プルトニウム二三九は二倍高い二〇〇ベクレル／キログラムなどといった調子だ。中には一〇－二〇倍以上高い核種もあった。

クリアランスレベルの案については、一般からの意見を募集したが、国際基準との乖離《かいり》について「こんなに違いがあってもいいものか」などの異論が寄せられた。

また、「放射性廃棄物の量を減量したいとしか思えない」、「現在保管されている放射性廃棄物の八〇パーセントは、放射性物質として扱う必要がなくなってしまう」、「希釈すれば何でも処理できる」などの懸念が寄せられた。

それに対し、原子力安全委員会は、「ＩＡＥＡのクリアランスレベルは国際間の流通など多様なシナリオを含んでいる」、「放射能濃度の薄いもので希釈したりしないようにする」などと回答していた。

「国際間の流通」とは、一九八六年のチェルノブイリ原発事故を踏まえ、原発事故で汚染された商品が国際間で流通することを懸念して、IAEAが二〇〇四年に加えた考え方だ。原子力安全委員会は、日本では原子炉施設の解体時のゴミしか対象に考えていないとして、「直接的に比較すべきものではない」と回答していた。

結局、原子力安全委員会は原案のまま報告書を作成。ところが、その三ヵ月後、ストロンチウム九〇について、子ども（一～二歳）が口から摂取する内部被ばくの線量が過小評価となっていたなどの計算間違いなどが複数見つかり、報告書は一部修正された。

最終的に政府が二〇〇五年一二月に定めたクリアランス省令では、IAEAの基準に沿ったものとなった。例えば、セシウム一三七は八〇〇ベクレル/キログラムではなく一〇〇ベクレル/キログラムだ。

この背景について、クリアランス業務を引き継いだ原子力規制庁に尋ねると、「分からない」（安全規制管理官付の廃棄物・貯蔵・輸送担当）とのことだったが、「IAEAの基準に整合させたのではないか」というのが、大方の見方である。

また、前提となった改正原子炉等規制法案の審議で、衆議院と参議院がそれぞれ、二〇〇五年四月と五月に、クリアランスレベルの「厳格な運用」を決議していた。

事故の二ヵ月後に否定されていたクリアランスレベル

それからおよそ六年後、福島第一原発事故が起きてしまった。その時、再び、クリアランスレベルが論議となることは、原子力に携わる者なら予測しただろう。

実際、事故後にクリアランスレベルという用語が政府の文書に登場するまでに二ヵ月もかからなかった。それは、二〇一一年五月二日、放射能汚染ゴミについて書かれた環境省の通知「福島県内の災害廃棄物の当面の取扱い」に初めて登場した。通知の主旨は次の二つである。

① 福島県内の汚染の著しい地域の廃棄物は、当面、動かさないこと。
② それ以外の汚染地域の廃棄物は、環境省が設置する検討会で考えること。

当時は、ほとんどの人が、先述したような、ベクレルとシーベルトの区別もよく分からない時期だ。まして、クリアランスレベルなど聞いたこともなかっただろう。ところが、クリアランスレベルは、放射能汚染ゴミの扱いを左右するこの通知に、「今回の災害廃棄物に当てはめることは適当ではない」として登場した。理由は次のように記されている。

原子炉等規制法に基づくクリアランスレベルは一〇マイクロシーベルト／年と設定されていますが、これを時間当たりに換算すると〇・〇〇一マイクロシーベルト／時となり、私たちが通常生活していて受ける自然放射線量よりも低いレベルで設定されています。したがって、原子炉等規制法のクリアランスレベルを今回の災害廃棄物に当てはめることは適当ではないと考えています。

単位がベクレルではなくシーベルトになっているが、いずれにしても、国内議論を経て定められたクリアランスレベルをあっさり、「自然放射線量よりも低いレベル」だから「当てはめることは適当ではない」としている。

自然放射線量よりも低いなら、問題ないだろうと思ってしまうかもしれない。しかし、先述したように、放射線防護の考え方は、職業被ばくや医療被ばく、そして原爆や核実験による被ばく調査をもとに、一九二〇年代から蓄積されたものである。特にこのクリアランスレベルは、一九八六年のチェルノブイリ原発事故後にできたICRP一九九〇年勧告をもとに、原子力推進の国際組織の中で決まった。推進側の関係者が決めた基準よりもさらに緩めようとしていることが見て取れる。自然放射線量と比較して低いから問題ないと、軽々に結論を下せるものではない。

津波と地震と原発事故の三重災害に見舞われ、ゴミ処理は喫緊の課題だったとはいえ、一〇〇年近くも議論が積み上げられて導かれたクリアランスレベルを、一通の通知で「適当ではないと考えています」と否定した。

そこで疑問が一つ。「考えた」のは、誰なのか。

突然、現れた八〇〇〇ベクレル

九三ページに記したように、放射能汚染ゴミを処理するため環境省が設置するとした検討会は、「災害廃棄物安全評価検討会」と名付けられ、二〇一一年五月一五日に第一回が開催された。汚染が著しい避難指示区域を除く地域の放射性物質を含む災害廃棄物の扱いがテーマだ。

座長を務めた国立環境研究所の大垣眞一郎理事長は、環境工学が専門だ。また、事務局である環境省の廃棄物・リサイクル対策部の豊村紳一郎係長は、「僕たちもシーベルトもベクレルも分からないところから始まった」と筆者に語ったことがある。「有識者」も「事務局」も放射性物質や放射線防護の門外漢で、しかも、「後日議事要旨を公表」するとしただけで、非公開での開催だった。

これには、数多くの異論があがった。当初は議事録を開示請求されても「不存在」。ところが、市民からの批判が強くなると一転、なかったものが「存在」し始め、ウェブサイト上に資料と共に掲載された。

公表された記録を遡ると、環境省は同年六月に開かれた第三回の検討会に、「福島県内の災害廃棄物の処理の方針」案を提出。その一回の議論だけで、本書のメインテーマである放射能汚染ゴミに関して、次のような重大な方針を決めていた。

①焼却や再生利用を行うことにより、埋立処分量をできるだけ減少させる。
②バグフィルターなどを有する施設なら、可燃物を燃やしてもよい。
③不燃物や焼却灰はセシウムが八〇〇〇ベクレル／キログラム以下なら埋立処分をしてよい。
④クリアランスレベルの設定に用いた基準（一〇マイクロシーベルト／年）以下になるよう、管理された状態なら、再生利用が可能。

それぞれの項目について見ていこう。
①は、埋立処分量を減らすために、焼却や再生利用を推奨していることが分かる。
②は、前章で明らかにしたように、バグフィルターの性能には欠陥があるため、燃やし

ても問題は解決しないどころか深刻になる。

③の八〇〇〇ベクレル／キログラムは、ここで突如として現れた。これはその後、公共事業での再利用をしてもよいとされつつある汚染土の濃度と同じだ。ただし、この時は再利用ではなく、埋立処分に留《とど》まっていた。

④でクリアランスレベルが登場するが、この時点ではまだ基準を遵守する考えはあったことがうかがえる。

ちなみに、これに先んじて、二〇一一年六月三日に原子力安全委員会が「東京電力株式会社福島第一原子力発電所事故の影響を受けた廃棄物の処理処分等に関する安全確保の当面の考え方について」で、汚染された廃棄物をクリアランスレベル（一〇マイクロシーベルト／年）以下で再利用する考え方を示していた。

しかし環境省の方針は、管理された状態なら「公共用地において路盤材など土木資材として活用する方法が考えられる」と、より具体的に踏み込んだ。ただし、この時は汚染「災害廃棄物」の話であり、除染によって生じた汚染土は含まれていない。

なお、公開された議事録では、埋立処分してよいという八〇〇〇ベクレル／キログラムの根拠は明らかではない。

オブザーバーとして加わった福島県の小牛田政光生活環境部次長が、「八〇〇〇ベクレル/キログラムがどういう基準にのっとっているのか、その八〇〇〇ベクレル/キログラムの安全性の評価についても併せてご説明しないと、なかなか住民の方には納得いただけない」と発言した。

これに対し、環境省の廣木雅史産業廃棄物課長が、「この八〇〇〇ベクレル/キログラムという数字について、これはいろいろなシナリオを考えているわけでございます」とお茶を濁して終わらせている。

井口哲夫名古屋大学大学院工学研究科教授も、「八〇〇〇ベクレル/キログラムの背景をどこかに記すべき」と主張した。

これには、谷津龍太郎環境大臣官房長が、「処理等に伴って周辺住民の受ける線量は一ミリシーベルト/年ということで、ここに明確に書いてある」と結論だけを答えている。

しかし果たして、八〇〇〇ベクレル/キログラム以下の災害廃棄物を埋立てることに周辺住民は納得するだろうか。原発の外に出してよいレベルの八〇倍までの放射能汚染ゴミがなぜ海や山に埋められるのか。前章まで見てきたように、今ある放射能汚染ゴミの管理実態を知れば、不安に思う人が多いはずだ。

しかも、もともと存在する自然放射線による被ばくに加え、なぜ追加で年間一ミリシーベルトを被ばくさせられなければならないのか。小牛田生活環境部次長の指摘するように、これでは国民の理解を得られないのではないだろうか。

それにもかかわらず、最後は環境省トップの南川秀樹環境事務次官が、「大筋でまとめていただき、大変感謝をする次第でございます」とまとめ、環境省の案が了承された形をつくった。

細かな字句調整は行われたものの、環境省は、「災害廃棄物安全評価検討会」の考えを反映したといって、二〇一一年六月二三日に「福島県内の災害廃棄物の処理の方針」を正式に決定した。

八〇〇〇―一〇万ベクレルも埋立て

しかし、八〇〇〇ベクレル／キログラム以下なら埋立処分をしてよいと決定したのも束の間、第五回（二〇一一年八月一〇日）の検討会では、突如、八〇〇〇－一〇万ベクレル／キログラムの放射性廃棄物も、一時保管の後、一定の条件を満たせば埋立ててよいという話になっていた。

さすがにこの方針については、森澤眞輔京都大学名誉教授や、先ほどの福島県の小牛田生活環境部次長から、次のような疑問と異論が上がった。

- 一〇万ベクレル／キログラムはどのような根拠から出てきたのか。
- 八〇〇〇ベクレル／キログラム以下のものを埋立処分することについても住民から反対の声がある中で、埋立可能基準の引き上げについて住民の理解を得ることは難しい。

前者の疑問には、環境省の坂川勉廃棄物・リサイクル対策部企画課長が原発の放射性廃棄物の処分の目安だとし、後者の異論には、谷津環境大臣官房長が、次のように答えた。

「今のようなご懸念があることは我々も承知しておりまして、まだ八〇〇〇ベクレル／キログラム以下のものすら埋立処分に回っていないということがございますので、今回のご検討は、技術的にはしっかりとこういう条件の下でこういう手立てを講じれば安全に埋め立てられるのだという技術的な確認をこの検討会としてはしていただいて、その結果をどう行政的に用いて処理を進めるかというのは、また次の段階の課題として、環境省を中心に政府としてどう対応するかという中で決めていきたいと考えています」

こうして環境省は八〇〇〇ベクレル／キログラムの根拠も一〇万ベクレル／キログラムの根拠も、徹底した議論をせず、二〇一一年八月三一日に、一〇万ベクレル／キログラム以下なら管理型処分場で埋立処分をしてよいとの方針を発表した。

放射能汚染ゴミを処理する「特別措置法」

この方針の直前に、国会では、「放射性物質汚染対処特別措置法」が成立した。

これは、放射能汚染ゴミの扱いと除染について定めた法律だ。法律の「目的」には、放射性物質による人体への影響を下げることとあるが、一部の高濃度汚染地域以外では、直ちに避難させるのではなく、人々を被ばくさせる環境に置いたまま、汚染物質の方を取り除くという国の姿勢が表れていた。法律に書かれた主なポイントを要約すると次のようになる。

【放射能汚染ゴミについて】

- 環境大臣が指定する「汚染廃棄物対策地域」では、国が放射能汚染ゴミを処理する。
- 一定の濃度以上の放射能汚染ゴミは、「指定廃棄物」として環境大臣が指定する。

【除染について】

- 汚染の著しい地域を「除染特別地域」と呼び、国が除染を行う。
- それ以外の汚染地域を「汚染状況重点調査地域」と呼び、自治体が中心となって除染する。

【その他】

- かかった費用は東電が支払う。
- 福島第一原発所内の除染は東電が行う。

この法律によって、一定の基準以上に汚染された地域では、除染することが明確に位置付けられた。しかし、これによって、莫大な量の放射能汚染ゴミが発生することになった。その量は、約二二〇〇万立方メートル（二〇一五年一月時点）と推計されている。これは、東京ドーム一八杯分に相当する。

各省すべてにまたがるのになぜ議員立法か

ところで、法律には内閣が案をつくり国会に提出する「閣法」と、議員が案をつくり国会に提出する「議員立法」があるが、この特別措置法は議員立法だった。衆議院環境委員会の小沢鋭仁《さきひと》委員長（民主党）を筆頭に、与野党の議員が名前を連ねて、衆議院に「委員長提案」という形式で提出された。

与野党とも賛成だったため、衆議院での審議はなく、二〇一一年八月二三日に可決。参議院では法案の提出者である小沢衆議院環境委員長らが出席して、同月二五日に一日だけ審議を行って、翌日可決、成立した。

その質疑をたどると、政策秘書経験がある筆者から見て気になる点があった。

参議院環境委員会で質問に立った川口順子《よりこ》議員と江田五月《さつき》環境大臣の質疑応答である。

川口議員が、「この法律案は政府が提出すべきではなかったか」と質問した。

江田大臣が、「内閣としてこれについて真正面から対応して法律を整備しようとすると、本当に各省すべてにまたがる大きな法律」になるから、「議員立法に任せた」と答弁したことだ。

川口議員は、政権を奪われた側の自民党の元環境大臣だ。民主党の現職大臣を責める姿勢だったが、元大臣らしい、「閣法」と「議員立法」の性格を踏まえた根本的な質問だった。

これに対し、「各省すべてにまたがる」と分かっていて「議員立法に任せた」と江田大臣は答えた。これについて次項で詳しく見ていこう。

環境法から適用除外されていた放射性物質

日本の法体系は、もともと「原発事故は起きない」ということが前提になっていた。

環境汚染から人々の健康を守る法律は、一九六〇年代以降に激化した公害に対応するために整えられた。一九六七年に公害対策基本法（現・環境基本法）をつくり、環境基準を設け、それにぶら下がる形で、大気汚染防止法、水質汚濁防止法、土壌汚染防止法などを位置付け、汚染物質に規制をかけている。環境庁（現・環境省）はそれらを総括する官庁として一九七一年に誕生した。

ところが、放射性物質は、原子力施設外にはばら撒かれないことが前提で、環境省が規制するすべての法律から除外されていた。

放射性物質に関する規制はそれを使う施設内だけの前提で、原発の運用については経済産業省（原発事故後は原子力規制委員会）、研究開発は文部科学省、労働者の健康管理は厚生労働省が規制を行ってきた。

一九九九年に、茨城県東海村にある核燃料の加工施設（株式会社ジェー・シー・オー）で臨界事故が起きたために、原子力災害が起きることが認識され、同年初めて、「原子力災害対策特別措置法」ができた。

しかし、これは、原子力災害に対して、原子力事業者や国や自治体が、直ちに対策を取ることを定めた法律に過ぎなかった。自然災害などに対応する「災害対策基本法」などの特別措置法の位置付けで、短期に収束することが前提になっていた。

つまり原発事故で、環境中に放射性物質が広範囲かつ大量に飛び出し、長期にわたって存在する状態から人々を守る法律は、依然として存在していなかった。

このような法規制ゼロの状態から、海、川、湖沼、農地、森林、家屋、学校、公園、道路、公共施設などについて放射性物質を規制するとすれば、多岐にわたる法改正が必要になる。

「各省すべてにまたがる大きな法律」（江田大臣）とはそういう意味だ。つまり、関係省庁の間で調整を行いやすい「政府が」（川口議員）出すのが本筋で、「議員立法に任せた」というのは、むしろおかしな話なのである。

国会質疑の模様には、もう一つ気になる点があった。通常の議員立法なら、立案した議員が前面に出て質問に答える。ところが、この法案審議では、具体的内容について細かく答えたのは、環境省の伊藤哲夫廃棄物・リサイクル対策部長だった。

しかも、埋立処分は八〇〇〇ベクレル／キログラム以下、一〇万ベクレル／キログラム以下は検討する旨の答弁は、まさに「災害廃棄物安全評価検討会」で議論されていた内容だった。まるで立案者が環境省であるかのような審議模様だった。

湧き上がる疑問を確かめる方法は一つしかない。「議員立法に任せた」と答弁した本人に、直接尋ねることだ。

環境省と議員の合作による「議員立法」

江田元大臣は、二〇一一年一月の菅直人《かんなおと》・第二次改造内閣で法務大臣に就任した。しかし、前任の松本龍環境大臣が六月に復興担当大臣に就任したため、九月に菅内閣が野田内閣に変わるまでの二ヵ月だけ、江田氏が法務大臣と環境大臣を兼務した。

議員生活を引退した後は、岡山県で弁護士業を営んでいる。江田氏が上京する機会をとらえ、二〇一六年九月、永田町の議員会館で会うことができた。

国会審議の模様から直感した「環境省が立案した案を、議員立法で出したのではないか」という疑問に、江田氏は自らを「ワンポイントリリーフ、つなぎの環境大臣」だったとした上で、法律の成り立ちを明かしてくれた。

江田元大臣　環境大臣として重要なのは、放射性物質が環境中に放出されてしまったという問題を、どう扱うかということでした。日本の放射性物質の廃棄物法制では、放射性物質は、環境中に出ることは想定されていないので、そういう法制がなかったわけです。

――国会答弁では、「法の空白」と表現されていました。

江田元大臣　空白よりも、本当は無視地帯だったんですけどね。苦肉の策で、「放射性物質により汚染された恐れのある廃棄物」という枠組みを（環境省通知などで）つくって、国がやるようにした。しかし、本当は法制が必要だ。国としても、環境省としても、いろんな検討はした。だが、内閣提出の法案にするにはちょっと時間的にゆとりがなさすぎる。検討のいろんな手間がかけられないというので、（災害廃棄物安全評価）検討会の案を土台にしながら、議員立法でやろうと。また、環境省も、議員立法でお願いするしかないというような意識であったと思う。その頃ちょうど、環境委員会に、同じような問題意識を持っている皆さんがいた。

そう言って江田氏は、一枚の紙を差し示した。そこには、当時の衆議院環境委員会の主だった与野党議員の名前があった。自民党の鴨下《かもした》一郎議員、馳《はせ》浩議員、田中和徳議員。公明党の斉藤鉄夫議員、江田康幸議員。民主党の田島一成議員、古川元久議員、そして、環境委員長を務めた小沢鋭仁議員だ。

江田元大臣（議員と環境省担当者とで）意思疎通を密にして、合意をつくって、枠組みとしては、一定の放射線を出すベクレルの範囲を区切って、その範囲の場合にはこうしましょう、そこからここまでは、こうしましょう、というような枠組みまでを議員立法でやる。その一定の範囲というのは、環境省令で定める、環境省が責任を持ってやりなさいという枠組みをつくった。

「放射性物質汚染対処特別措置法」は、議員と環境省の合作だったのだ。

そして、もう一つ確かめたいことがあった。先述した通り、参議院の審議で環境官僚が答弁したのは、「埋立処分は八〇〇〇ベクレル／キログラム以下とする」、「一〇万ベクレル／キログラム以下は検討」というところまでだ。その五年後の二〇一六年に、「八〇〇〇ベクレル／キログラム以下なら公共事業で再利用してもよい」という話になったが、これも、最初から考えられていたことなのか。この点についてはこう答えた。

江田元大臣　八〇〇〇ベクレル以下については、通常の廃棄物と同様に管理型処分場で埋立てることができる。しかし、利用はまた別。

ただ、例えば土手をつくる、その一番奥の基盤の部分で、それを使って、その上に盛土をして、環境中にその八〇〇〇ベクレルの強さで飛び出してくるようなことはさせないという頭があっただろうと思う。

だけども、どういう利用ならよろしいというようなことは、のちの議論、となっていたような気がする。

基本方針で見える特別措置法の特徴

こうして環境省と議員が連携してつくった「放射性物質汚染対処特別措置法」は大枠のみを示し、二〇一一年一一月に同法に基づく基本方針でより具体化した。放射能汚染ゴミについては、次のように決められた。

●現在の廃棄物処理体制や既存の施設を活用し、放射能汚染ゴミを可燃物と不燃物に分別して、可燃物については焼却・減容化する。
●焼却灰など放射能が濃縮されて一定のレベルを超えたものは国が処理をする。
●リサイクルできるものは資源として再利用する。

また、除染についての方針は次のように決められた。

① 事故による被ばくが年二〇ミリシーベルト以上の地域を、段階的に迅速に縮小する。
② 事故による被ばくが年二〇ミリシーベルト未満の地域は、長期目標として年間一ミリシーベルト以下とする。この地域では、二〇一三年八月末までに、事故による被ばくを二〇一一年八月末比で約五〇パーセント減少させる。学校、公園など子どもの生活環境は、約六〇パーセント減少させる。

この時に初めて、「リサイクルできるものは資源として再利用する」という考えが、法的な根拠を持ち始めた。

そのことと同様に、この基本方針で行われた重大な決定は、除染の目標が、事故直後の汚染と比べて何パーセントという相対的なものだったことだ。この時、事故前からあった公衆の被ばく限度年間一ミリシーベルトは、目標値へとすり替えられた。

この基本方針に従うことは、線量の高い地域に暮らす人々に年二〇ミリシーベルト未満の被ばくを受忍させることである。一方、汚染地域以外の国民は、事故前と同じように被ばく限度年間一ミリシーベルトで守られている。

これは、明らかに二重基準（ダブルスタンダード）だ。

憲法第十四条の「すべて国民は、法の下に平等であつて、人種、信条、性別、社会的身分又は門地により、政治的、経済的又は社会的関係において、差別されない」という条文に反している。

原発事故で汚染された地域に住む国民には、被ばく限度を年間二〇ミリシーベルトとし、それ以外の国民は年間一ミリシーベルトで守るのでは、汚染地域の国民を差別していることになる。

ICRP勧告の年二〇ミリシーベルト被ばく強要

この年間二〇ミリシーベルトの被ばくを強要する差別政策は、一体どこから始まったのか。経緯を辿ると、皮肉にも、二〇一一年四月一九日に文部科学省が、子どもたちを守る建前で出した通知に行き当たった。

福島県教育委員会や福島県知事らに宛てたこの通知「福島県内の学校の校舎・校庭等の利用判断における暫定的考え方について」は、当時、文部科学省が、原子力安全委員会の助言と原子力災害対策本部の見解を踏まえてつくったものだ。それは、学校の校舎や校庭の利用については、「国際的基準を考慮した対応」をするというものだ。

ここで言う「国際的基準」とは、ICRPが二〇一一年三月二一日に「福島原子力発電所事故」と題し、二〇〇七年勧告を「変更することなしに用いる」として二ページに抜粋した助言だ。これは、非常事態の収束後の汚染された状況で、一般公衆に年一―二〇ミリシーベルトの被ばくも許容するという意味にとれるものだった。

文部科学省は、これを考慮し、年一－二〇ミリシーベルトを校舎や校庭を利用するための暫定的な目安とし、今後できる限り、子どもたちの被ばくを減らしていくとした。その年二〇ミリシーベルト以下とは、一六時間を屋内（木造）、八時間を屋外で過ごす想定で、屋外で三・八マイクロシーベルト／時、屋内で一・五二マイクロシーベルト／時の被ばくを許容する内容だった。

しかし、重要な点が見逃されていた。もとの二〇〇七年勧告は、本来、和文で三二四ページ（日本アイソトープ協会訳）もある大作だ。それには、年二〇ミリシーベルト以下の被ばくを公衆に対して適用するには、「その被ばく状況から直接の便益を個人が受ける事情に適用される」という条件がついていた。

また、「放射線防護のレベルに関する最終的な決定は、通常、社会的価値によって影響される」ため、意思決定のプロセスには、「放射線防護の専門家だけでなく、利害関係者の参加を含むことがある」としていた。

つまり、年二〇ミリシーベルト以下の被ばくが当事者に利益をもたらすものかどうかは、当事者も含めた参加のもとに、決めるべきだと勧告しているのだ。

ところが、文部科学省は、こうした重要な点は考慮せず、原子力安全委員会と原子力災害対策本部の意見を聞いただけで決定した。そして、文部科学省の学校健康教育課によると、この「暫定的考え方」は、二〇一一年八月下旬まで有効であったと述べている。それ以降は、〇・二三マイクロシーベルト／時未満という目標が適用されている。

先述したが、原子力の利用はもともと、原発作業員など放射線業務従事者だけに年五〇ミリシーベルトまでの被ばくを受忍させることを前提にしたものだ。その「差別労働」を理由に反原発を訴える人は少なくない。

しかし、被ばく労働においてさえも、法律に基づいて放射線管理区域を設定し、一八歳未満の就労を禁止している。また、事業者は、放射線業務従事者に対し、放射線が人体に与える影響や放射線の扱いや法令について、教育を行わなければならない。さらに、健康診断（血液、眼、皮膚も）により健康被害がないかのチェックを受けさせなければならない。

しかし、福島第一原発事故による汚染地域では、胎児から老人まで、そのような建前上の措置すらなく、他の地域には適用しない、年二〇ミリシーベルトまでの被ばくを、当事者や利害関係者の参加もなく政府が一方的に決定し、押し付けているのだ。

議員立法にした本当の理由

実はこのダブルスタンダード問題こそが、この法律を、議員立法で成立させた本当の理由ではないかと筆者は見ている。

内閣が法律案を出そうと思えば、「憲法の番人」と言われる内閣法制局の審査を受けなければならない。内閣法制局は、日本国憲法を頂点とした法律の整合性の維持に大きな役割を担っている。

例えば、「すべて国民は、法の下に平等」だと定めている憲法のもとで、同じ国民に対し、福島県では年二〇ミリシーベルト以内の被ばくを強い、他県では年一ミリシーベルトで健康を守るという理屈は簡単には通らない。

一方、議員立法の場合は、衆議院なら衆議院法制局が法律案を審査する。もちろん、憲法や既存の法律との整合性が厳重にチェックはされる。しかし、国民に選ばれた議員の強い意志、ことに与野党双方の合意があれば、一定の整合性がつく大枠を定める法律案ならその審査を通すことは不可能ではない。憲法に抵触しない大枠だけの法律案を議員立法で通し、その後、ダブルスタンダードとなる部分を「基本方針」の中に行政裁量で盛り込む。江田元大臣の言った「枠組みまでを議員立法でやる。その一定の範囲というのは、（略）環境省が責任を」の行間を、筆者の政策秘書経験をもとに読めば、そういうことになる。

この基本方針は二〇一一年一一月一一日に閣議決定された。そして、環境省が次に行ったのが、環境省令を定めることだった。

指定廃棄物八〇〇〇ベクレルの法定化

法律ができる前に官僚が行政裁量で方針や政策を決め、議会で追認させていく。これは国民が選んだ議員が国会で審議して法を定めるという民主主義のあり方が形骸化していることを認めるようで残念だが、よくあることだ。

二〇一一年一一月二二日、細野豪志《ごうし》環境大臣は、環境省令で定める放射線レベルの数値を「放射線審議会」（会長：丹《に》羽《わ》太貫《おおつら》京都大学名誉教授）に諮問した。

その内容は、以下の通りである（一部省略）。

①　特別措置法で市町村が除染をしなければならない「汚染状況重点調査地域」と定めた地域の放射線量を、環境省令で「〇・二三マイクロシーベルト／時以上」と具体化すること。

②　特別措置法で環境大臣が指定するとした「指定廃棄物」の基準を、環境省令で「セシウム一三四と一三七の合計で八〇〇〇ベクレル／キログラム超」と具体化すること。

③　管理型処分場で埋立処分ができる放射能汚染ゴミの基準を、環境省令で「セシウム一三四と一三七の合計が一〇万ベクレル／キログラム以下」と具体化すること。

これらの案に、放射線審議会は妥当であるとのお墨付きを与えた。この八〇〇〇ベクレル／キログラムや一〇万ベクレル／キログラムという数字は、法律ができる前から、環境省が「通知」などで既成事実化してはいた。しかし、今度は、法律に基づく手続きを踏んで、初めて拘束力を持つものとなった。

①の「汚染状況重点調査地域」の放射線量を「〇・二三マイクロシーベルト／時以上」と具体化したことについては改めて後述する。ここでは、この時の放射線審議会の答申に

ついて、特筆したい。

放射線審議会の答申に加わった留意事項

この時の放射線審議会は、環境省から諮問されなかった放射能汚染ゴミの再生利用について、わざわざ留意事項として、次のように書き加えていた。

再生利用に当たっては、特別措置法に基づく基本方針に示された放射線障害防止の考え方を踏まえて、製造業等を所管する関係省庁と連携して、安全確保に努めること。

再生利用については、すでに「基本方針」で「リサイクルできるものは資源として再利用する」という考えが書き込まれていた。それなのに、諮問されてもいないことを、わざわざ答申するのは異例である。

一体なぜなのか。放射線審議会の事務局を文部科学省から受け継いだ原子力規制庁に尋ねた。すぐに回答は得られなかったが、しばし時間をおいて、放射線審議会の中でやり取りがあったからだとの回答があった。それは、二〇一一年一二月五日に行われたものだった。

放射線審議会のメンバーは一九名で、会長は前出の丹羽太貫京都大学名誉教授。他のメンバーの所属先は、放射線医学総合研究所や、放射線影響研究所、国立がん研究センターや大学病院などだが、その中に原子力を利用する側の日本原子力研究開発機構（ＪＡＥＡ）の所属者二名がいた。

ちなみに、ＪＡＥＡは原子力を推進する組織で、トップは原発メーカーでもある三菱重工業の元取締役だ。文部科学省の天下り組織でもあり、二〇一六年一〇月現在、役員一〇人のうち三人が元文部科学官僚の天下りである。この組織は、高速増殖炉「もんじゅ」の設置者でもあり、一九九五年には冷却剤のナトリウム漏れで火災事故、二〇一〇年には原子炉内の装置の落下事故を起こし、二〇一二年に九〇〇〇点の点検漏れが発覚して、二〇一五年には原子力規制委員会に、もんじゅ運営の資格なしと引導を渡された。

放射線審議会にはこうした正式メンバーの他、当時の事務局である文部科学省と共に、諮問する側の環境省からも坂川勉廃棄物・リサイクル対策部企画課長と牧谷邦昭土壌環境課長が参加した。

審議会の中で、環境省が諮問とは別に「今後の対応事項」を説明。そこに「廃棄物の再生利用」に関する事項が含まれていた。

言葉のキャッチボールで一〇〇から八〇〇〇へ

この放射線審議会の中で再生利用について質問をしたのは、ＪＡＥＡ東海研究開発センターの山本英明原子力科学研究所放射線管理部次長だった。放射性物質汚染対処特別措置法ができた場合に、「関係省庁の連携で安全確保に努めることができない限り再生利用はできない仕組み」かと尋ねた。

これに、坂川企画課長が「法律上の仕組みを申し上げると、再生利用は禁止されていない」と、再生利用を禁止する法律や規定はない状態であることを明かした。

しかし、すぐに「実態をみると再生利用は行われていない。むしろ一〇〇ベクレル／キログラム以下の物の再生利用ですらできない」、「一〇〇ベクレル／キログラム（略）より高濃度のものが再生利用されるようなことはないようにしていかなければならない」と付け加えた。
ところが、JAEA東海研究開発センターの古田定昭核燃料サイクル工学研究所放射線管理部長が、「条件付きクリアランス」という話を持ち出して、次のように話を展開させた（傍点は筆者）。

古田　将来的には、条件付きクリアランスのような形でルール化しないといけない。例えば、一〇、〇〇〇ベクレル／キログラム以下であれば、自由に使っても良い。一〇〇ベクレル／キログラムを超えている物は、建築用の家の材料には使わない、さらに高い濃度の物であれば、人間が接しないテトラポッド、防潮堤、防波堤等に使うような条件を付けても良いと思う。

丹羽会長　当座のところはそれで運用し、実際の運用の中で、八〇、〇〇〇ベクレル／キログラムどころか、もっと低い濃度でも駄目であるという状況から変わってくるだろう。実際そういうものが出てきた段階で、より現実的な対応ができるようにしてほしいということと理解した。

古田氏が「一〇〇ベクレル／キログラム」と言及したその直後、丹羽氏が「八〇〇〇ベクレル／キログラム」という数字を出した。その数字を受けた形で、ＪＡＥＡの古田氏が、たたみかけるように質問を行っている。

古田　例えば、八〇〇〇ベクレル／キログラム以下のものが生じれば、それはどのように再生利用しても良いという理解でよいか。それが、八〇〇〇ベクレル／キログラムを下回っていれば、土を戻すというようなこともできるような仕組みか。あるいは、永久的に廃棄物として管理されるという理解か。

牧谷（環境省）　土壌については、八〇〇〇ベクレル／キログラムを境に措置をするようなことはない。また、今後、土壌を濃いものと薄いものに分けるといったことが今後あるかもしれない。そこについては、技術の進展を見ながら、基準も含めて、今後検討いたしたい。

つまり、環境省の坂川課長が「一〇〇ベクレル／キログラムより高濃度のものが再生利用されるようなことはないように」と慎重な姿勢を示したのに対し、ＪＡＥＡの古田氏と放射線審議会の丹羽会長が、言葉を交わすうちに、一〇〇ベクレル／キログラムの話が八〇〇〇ベクレル／キログラムに引き上がった。そして、牧谷土壌環境課長が「今後」、「今後」、「今後」と三度、強調して押し戻した。

このやり取りは、最後にもう一度、古田委員が「将来的に検討していただきたい」と放射能汚染ゴミの再生利用の検討を環境省に求める形で終わっている。

原子力規制庁によれば、このやり取りがあったことが、答申に、諮問されもしなかった再生利用に関する事項が加わった理由だった。

「いつのまにかじゃない」

一方、再生利用に慎重発言をした環境省廃棄物・リサイクル対策部の坂川勉企画課長は、その後、環境省の東北地方環境事務所の所長となっていた。

二〇一六年九月一三日、大熊町に環境省が建設する施設の起工式が執り行われた際、坂川所長は、副大臣に随行して現れた。起工式終了後に呼び止め取材した。

坂川氏は、放射線審議会の時、「一〇〇ベクレル／キログラムより高濃度のものが再利用されるようなことはない」と発言していた。つまり当時、環境省はまだ一〇〇ベクレル／キログラムというクリアランスレベルを堅持しようとしていたのではないか。

しかし、坂川氏の回答は違っていた。

坂川氏　そうではなくて、管理しない形でのリサイクルであるならば、今もそうですけれども、一〇〇ベクレル／キログラムというクリアランスレベルがあるので、おそらく、それに従っていくのが妥当なんだろうと思っていました。しかしリサイクルのやり方によっては、違うやり方もあるだろうとは思っていました。当時も。
――特別措置法ができる前に、もう八〇〇〇でリサイクルしていこうと。
坂川氏　いや、それはないです。
――いつからそうなったのですか。
坂川氏　大事なのは、それを利用する人たちや、そこにいる人たちの被ばく線量が一〇マイクロシーベルト/年以下になるようにすること。使い方によって、いろいろなやり方があるでしょうというのが、当時の考え方ですね。その時に僕は八〇〇〇とは言っていない。約五年前は。

――それがいつのまにか管理すればという形になったということですか。

坂川氏　いつのまにかじゃなくて、本省の方できちんと検討会で議論してそうなった。

確かに坂川氏は、放射線審議会で、「何らかの目安を示すなどして、問題がないような再生利用を進めていきたい」と述べていた。

そして、それは、江田元環境大臣が、再利用について「(そういう)頭があった」と述べていたこととも齟齬《そご》はない。

最初から考えていた放射能汚染ゴミの再利用

ここまでの取材で明らかになったのは次のようなことだ(図14)。

環境省は、事故後の早い段階から放射能汚染ゴミの再生利用を考えており、法の成立後につくった基本方針に、リサイクルできるものは資源として再利用する考えを盛り込んだ。

次に行った環境省令を定めるプロセスの中で、放射線審議会のメンバーであるＪＡＥＡ幹部が「高い濃度の物であれば、人間が接しないテトラポッド、防潮堤、防波堤等に使うような条件を付けても良いと思う」と、再利用の方法を言い始めた。

だが、その放射線審議会で、八〇〇〇ベクレル／キログラムという数字を最初に口にしたのは、放射線審議会の会長自身であり、その時はまだ、環境省は、再利用の基準を八〇〇〇ベクレル／キログラムとまでは考えていなかった。

しかし一方で、この時までに、八〇〇〇ベクレル／キログラムという数値は、さまざまな形で登場していた。

① 八〇〇〇ベクレル／キログラム以下なら埋立処分をしてよい。
② 八〇〇〇ベクレル／キログラム超〜一〇万ベクレル／キログラム以下も埋立処分をしてよい。
③ 八〇〇〇ベクレル／キログラム超は環境大臣に申請して保管する指定廃棄物となる。

図14　放射能汚染ゴミ再利用に関する環境省の動き

時期	出来事	内容
2011年5月2日	「福島県内の災害廃棄物の当面の取扱い」を通知	「（クリアランスレベルを）今回の災害廃棄物に当てはめることは適当ではない」と記載
6月23日	「福島県内の災害廃棄物の処理の方針」決定	クリアランスレベルの設定に用いた基準以下になるよう、管理された状態なら、再生利用が可能に
8月31日	「8000ベクレル／キログラムを超え10万ベクレル／キログラム以下の焼却灰等の処分方法に関する方針」決定	10万ベクレル／キログラム以下の放射能汚染ゴミも管理型処分場で埋立てが可能に
11月22日	細野豪志環境大臣が環境省令で定める放射線レベルの数値を「放射線審議会」に諮問	環境省令で定める放射線レベルの数値が妥当であるか「放射線審議会」に検討依頼
12月13日	「放射線審議会」が答申	上記の諮問内容を妥当であると回答。同時に、「今後の対応事項」として、「廃棄物の再生利用」に関する事項を記載。審議会での議論の中で、8000ベクレル／キログラム以下の再生利用についてのやり取りがあった

取材等をもとに筆者作成。

結局のところ、①〜③まで含めて法律で位置付けられたことになる。

現在まで、法律の中に位置付けがないのは、クリアランスレベルの八〇倍の八〇〇〇ベクレル／キログラム以下を資源として公共事業でリサイクルするという考えだ。

次章では、この八〇〇〇ベクレル／キログラムの放射能汚染ゴミの公共事業での再利用がどのように検討されていったのか、その経緯を明らかにする。

第四章　密室で決められた放射能汚染ゴミの再利用法

放射能汚染ゴミの主たる発生源

前章で明らかにしたように、放射能汚染ゴミを条件付きで再利用する考えは、放射線審議会の中で、日本原子力研究開発機構（ＪＡＥＡ）の幹部が言い出した。その後、この発言が徐々に肉付けられていく。

ではなぜ、クリアランスレベルが一〇〇ベクレル／キログラムなのにもかかわらず、その八〇倍の八〇〇〇ベクレル／キログラムまでの放射能汚染ゴミを再利用し、全国にばら撒こうとしているのか。

それは、再利用しなければならないほど放射能汚染ゴミが膨大に発生しているためだ。そして、その主たる発生源は、言うまでもなく、除染によって生じる汚染土である。

ここではまず、なぜ除染が国の政策として位置付けられていったのか、その経緯を見ていこう。

除染の流れをつくった「環境回復検討会」

前述したように、二〇一一年八月、「放射性物質汚染対処特別措置法」が成立した。これにより、原発事故後の放射線防護は、一部を除いては「避難」ではなく、「除染」で行う国の方向性が定まった。そして、「除染」の流れは、やがて「帰還」の流れをつくり出していく。

その流れをつくった一つの舞台は、環境省が設置した「環境回復検討会」だ。

除染について検討することを目的に二〇一一年九月に設置され、一六回にわたって、非公開で開催された。

座長は環境政策のご意見番である「中央環境審議会」の会長も務める鈴木基之東京大学名誉教授。他の委員もほとんどが環境省の種々の会議を掛け持ちしている常連だ。

そんな中、異色のメンバーは、後に原子力規制委員長となった田中俊一氏とＪＡＥＡ東海研究開発センター核燃料サイクル工学研究所の古田定昭放射線管理部長である。この古田部長は、前章で明らかにしたように、放射線審議会で放射能汚染ゴミを条件つきで再利用することを持ち出した人物だ。

この検討会の第一回の会議では、次のような資料が示された。

①　除染に関する緊急実施基本方針
②　チェルノブイリ原子力発電所事故時の除染等について

①は、前述の原発事故直後に設置された、首相を本部長とする原子力災害対策本部が、二〇一一年八月二六日に出したばかりの除染に関する方針である。
この方針は、前章でも触れたＩＣＲＰの二〇〇七年勧告を根拠にしている。

事故時の被ばくを許容するICRP二〇〇七年勧告

前章で、クリアランスレベルはＩＡＥＡの基準をもとに、原子炉等規制法の省令として国内法に位置付けられたことを述べたが、それと同様に、ＩＣＲＰの二〇〇七年勧告も、本来は、国内法に位置付けなければ効力がない。国際的な取り決めと国内の法律はそうした関係にある。

二〇〇七年勧告で新たに導入された考え方のひとつは、原発事故が起こった時に、被ばくをどこまで許容するかという点だ。

平常時は、公衆の被ばく限度は年間一ミリシーベルトであるが、事故直後の混乱時は年間一〇〇ミリシーベルト、その後は一時的に年間二〇ミリシーベルトまで被ばくを許容している。しかしそれは、事故への対応を念頭に置いたものだ。

重要な点は、それを公衆に押し付けてよいとは書いていないことだ。

原子力災害対策本部による除染の基本方針は、国内できちんと議論することも、国民の意見を聞くことも国内法に位置づけることもなく、緊急時のどさくさに、ＩＣＲＰの二〇〇七年勧告をもとにつくられた。

原子力災害対策本部が出した除染の方針は、ＩＣＲＰ二〇〇七年勧告の「緊急時被ばく状況」と「現存被ばく状況」という概念を用いて、除染の暫定目標を次のように取り入れた。

- 緊急時被ばく状況＝事故による追加被ばくが年間二〇ミリシーベルト以上となる地域のことで、この地域については「段階的かつ迅速に縮小する」こと。

●現存被ばく状況＝事故による追加被ばくが年間二〇ミリシーベルト以下となる地域のことで、この地域については「追加被ばく線量が年間一ミリシーベルト以下になることを目標とする」こと。

現在、年間二〇ミリシーベルトを超える区域は、帰還困難区域・居住制限区域に指定され、今後二〇ミリシーベルト以下となる区域は、避難指示解除準備区域とされている。そして、二〇ミリシーベルト以下となれば、避難指示は解除され、帰還が促される。

しかし、国内の法令では、公衆の被ばく限度は年一ミリシーベルトと定めているのに、一体なぜ、これが無視されるのか。

これには先述した「緊急時のどさくさ」が関係している。

「緊急時のどさくさ」には法律用語がある。原子力災害対策特別措置法に基づく「原子力緊急事態宣言」だ。この宣言を内閣総理大臣が出すと、原子力災害対策本部が、緊急事態応急対策をつくることができる。これは、国会を通さずに指示を出す「戒厳令」のようなものだ。校舎や校庭の利用の方針と同様に、除染に関する緊急実施基本方針もまた、そのどさくさで、本来は強制できないはずの年二〇ミリシーベルトを、事実上、受忍させているのだ。

無視されたチェルノブイリの「避難と除染」の教訓

次に、②のチェルノブイリ原子力発電所事故時の除染などについて見ていこう。環境省は、チェルノブイリの除染に関する資料もまとめてはいたが、環境回復検討会ではごく簡単にしか説明しなかった。

農地や牧草地では、除染はあまり行われなかったこと、都市部では、避難指示が出ていない一部の地域でしか除染を行わなかったこと、除去土壌は、ロシアで一九八六年に九〇〇〇立方メートル、一九八八年に一五万立方メートルほどが埋立処理されたことなどが説明されただけだ。約二二〇〇万立方メートルと推計されている福島県内の除去土壌と比べていかに少ないかが分かる。

六ページにわたるこの資料には、セシウム一三七で汚染された地域と避難指示の状況が四つに区分された表も含まれ、土壌の汚染密度（キロベクレル／平方メートル）と共に、環

図15　チェルノブイリ原発事故によるセシウム137で汚染された地域

汚染状況（キロベクレル／平方メートル）	37〜185	185〜555	555〜1480	1480〜
環境省が空間線量に換算した汚染状況（マイクロシーベルト／時）	0.078〜0.39	0.39〜1.2	1.2〜3.1	3.2〜
避難等の指示	管理必要区域	移住奨励	強制移住	強制避難

環境省「第1回環境回復検討会」資料5「チェルノブイリ原子力発電所事故時の除染等について」（2011年9月14日）より抜粋。

境省が空間線量（マイクロシーベルト／時）に換算した数値と、面積が示されていた。その四つの区分は上の通りである（図15）。

しかし、これについてコメントした委員は一名しかいなかった。空間線量「〇・三九マイクロシーベルト／時」の地域に「移住奨励」がなされている箇所を示し、「こういう資料が公表されると」不安を抱く住民がいると指摘したのだ。ちなみにこの議論が行われたのは二〇一一年九月のことだが、その前月まで福島の学校の校庭では、チェルノブイリ原発事故では「強制避難」に区分される三・八マイクロシーベルト／時が許容されていた時期だった。また、資料を読めば、除染はコストの割に効果が低かったことも分かるが、その説明も省かれ、議論もなかった。

チェルノブイリでは、土壌の汚染状況が分かるにつれて避難指示が拡大し、避難基準も厳しくなっていった。これらの対策は、ＩＣＲＰが勧告している公衆の被ばく線量限度年間一ミリシーベルトをもとに行われたが、そんな話も紹介されることはなかった。

環境回復検討会は、その後も、環境省に求められた通り、除染を前提に話が進んでいった。避難の必要性を問い直す委員は、選ばれていなかったとも言える。除染についての慎重論は、除染費用が高くなれば、国が負担して東電に請求する時に問題になるという指摘ぐらいだった。

「廃棄物がいっぱい出る」

環境回復検討委員の一人、後に原子力規制委員長となる田中俊一氏は事故後に飯舘村や伊達市で除染を実践したことがある。これについては、二〇一一年八月二三日の原子力委員会で報告を行っている。それによれば、飯舘村では、一七〇マイクロシーベルト／時を示す長泥地区にある民家とその周辺で除染実験を行った。この数値は、単純計算で言えば、公衆の被ばく限度年一ミリシーベルトの一四〇〇倍以上に相当する高線量空間だ。

結果は、民家の屋内の空間線量が、三・八―八・六マイクロシーベルト／時から、三・一―四・三マイクロシーベルト／時にしか下がらなかった。除染の効果は限定的であるという、チェルノブイリの教訓が改めて示されたとも言える。

それにもかかわらず、田中氏が原子力委員会に提出した資料にはこうも書かれている。「根気良く適切な努力すれば、放射能の除去（除染）は可能である」「放射性セシウムの半減期は長いので、放っておけば、三〇年経っても放射能は現在の四分の一にしかならず、千分の一になるには二七〇年もかかります。また、一旦、土壌等についたセシウムはしっかりと固着しているので、人手をかけて取り除くしかありません」

これに対し、鈴木達治郎原子力委員長代理が、除染には時間がかかり、しかも「廃棄物がいっぱい出る」と指摘したところ、田中氏は、「実際に除染をして、除染をすれば線量が下がるという実感を持っていただくことがものすごく大事なんです。そうすると、こんなものが出るんだという廃棄物を目の当たりにしますので、それはどこかに始末しなきゃいけないんだなということを考えてもらうことが必要だと思っています」と力説した。

田中氏は、二〇一一年七月から伊達市の除染アドバイザーとなり、地域住民やボランティアなど、放射線防護の素人たちを動員しての除染も実践している。

同市の小学校では、最大八マイクロシーベルト／時に汚染されていた場所を、一マイクロシーベルト／時以下まで除染させた。六五〇ベクレル／キログラムという高濃度に汚染されていた小学校のプールは、水を入れ替え、その夏にプール開きをした。

田中氏の指導のもと、同市で除染を担当した半澤隆宏放射能対策政策監は、田中氏から「放射線防護の三原則」を「遮蔽するか、近づく時間を短くするか、遠ざけるか」だと教わり、住民にそうした説明を行って、除染を進めたと述べた。

しかし、そもそも除染ではなく、避難という放射線防護策を選択すれば、住民を被ばくさせることもなく、今のような莫大な量の放射能汚染ゴミも出さずに済んだのだ。しかし、それについての議論はほとんど行われず、日本は除染政策へと突き進んでいった。

対策が異なる「外部被ばく」と「内部被ばく」

除染政策に先鞭《せんべん》をつけたとも言える田中氏の説明は、実は「外部被ばく」の防護策に過ぎなかった。飲食や呼吸で体内に取り込んでしまうことで起きる「内部被ばく」のことは考慮されていないのだ。

かつて田中氏が顧問を務めた「高度情報科学技術研究機構」がウェブサイトで提供する「原子力百科事典」も、内部被ばくについては、次のように述べている。

体内に取り込んでしまった放射性物質は、「体外への排出を促す以外に手段はない」から、「体内被ばく線量を低減するためには、放射性物質を体内に摂取しないようにする」。そのためには、「例えば放射性物質の密閉系への閉じ込めのほかに、吸入防止用のマスクや負圧換気設備を用いる等の防護手段がある」と明記している。

この解説は、原子力関係施設を念頭に置いたものであるため、用語が難解だが、「密閉系への閉じ込め」とは、放射性物質が空気中に漂うことがないようにすることを意味する。また、「吸入防止用のマスク」は放射性物質を吸い込まないようにするための特別なものだ。さらに、「負圧換気設備」とは、施設内に浮遊する放射性物質が外に出ないように、外気より中の空気圧を下げて、空気が外から中にしか入らないようにする設備である。

原子力関連施設では、そのように注意深く、何重にも放射性物質を閉じ込めて、内部被ばくを防いでいる。

原発事故後に、ＴＶで連日映し出された白い防護服を見たことがある人は多いだろう。あれは放射性物質から防護すると共に、衣服に粒子をつけたまま日常生活に戻って、自分や周囲の人が二次被ばくすることがないように着るものだ。そのため施設を出る時には防護服はすべて廃棄される。一回きりの消耗品だ。

筆者も、二〇一四年二月に福島第一原発の事故現場の取材に訪れた時には、口だけではなく、顔全体を覆う全面マスクを着用した。白い防護服のズボンの裾や袖口さえも、外気に混じって放射性物質が入り込まないようにテープでグルグル巻きにした。それが内部被ばく対策だ。

ところが、「遮蔽するか、近づく時間を短くするか、遠ざけるか」という「外部被ばく対策」を、「放射線防護の三原則」と勘違い、または混同したまま、除染が進んだふしがある。

埼玉や千葉も除染対象

環境回復検討会の議論を経て、環境省は、放射性物質汚染対処特別措置法に基づき、二〇一一年一二月に、除染する地域を指定した。前述したように、具体的には次の二つに分かれる。

- 除染特別地域　主に、原発事故後一年間の積算線量が二〇ミリシーベルトを超える恐れがある地域。国が責任を持って除染や放射能汚染ゴミを処理する…福島県・楢葉町《ならはまち》、富岡町、大熊町、双葉町、浪江町、葛尾村《かつらおむら》、飯舘村の全域、田村市、南相馬市、川俣町、川内村の一部区域の一一市町村
- 汚染状況重点調査地域　放射線量が〇・二三マイクロシーベルト／時以上の地域。市町村が責任を持って除染や放射能汚染ゴミを処理する…福島、岩手、宮城、茨城、栃木、群馬、埼玉、千葉の八県、一〇二市町村

汚染状況重点調査地域の基準となっている〇・二三マイクロシーベルト／時というのは、そこに住む人の年間の外部被ばくが一ミリシーベルトになるように逆算して導かれたものだ。しかも、一日二四時間のうち、「屋外に八時間、屋内に一六時間いる」という想定の上に、「屋内なら外からの放射線が六割も遮られる」という計算になっている。

国は、人々が避難することを支援するよりも、コストの割には効果が少ないことがチェルノブイリで実証されていた除染にコストを費やし、放射線防護をすることにした。しかし、その除染地域さえ、このような考え方で決められたのだ。

東京ドーム一八杯分、除染費用は六兆円へ

こうして除染をする地域は決まったが、その結果は、福島県内からだけで東京ドーム一八杯分（約二二〇〇万立方メートル）という汚染土を生み出すことになった。

除染で出た土壌を入れたフレコンバッグの置き場は、保管場所が決まるまでの「仮置き場」では足りずに、やがて「仮仮置き場」、「仮仮仮置き場」まで出現した。避難区域の至るところで、田畑だったところが黒い土嚢《どのう》の畑に取って代わられていった。

そして、除染政策はすぐに「除染ビジネス」となった。

二〇一三年度に二・五兆円と試算された除染費用は、二〇一六年一二月には経済産業省の試算で六兆円にまで膨れ上がると発表された。これらは一旦、環境省が税金から支払い、東京電力に請求する仕組みだが、それらは回り回って電気料金などに上乗せされる。しかし、現在、一部は税負担も検討されている。

一方、国は、増えすぎた汚染土をどうするか、策を練らねばならなくなった。

二〇一二年には、宮城県、茨城県、栃木県、群馬県、千葉県の五県については、一県に一箇所、指定廃棄物（八〇〇〇ベクレル／キログラム以上の放射能汚染ゴミ）のための最終処分場候補地を選定することとした。そこでは二重のコンクリートで遮断して、長期保管するという。

その場所は環境省が複数案から選定するというもので、同年九月に初めて、栃木県は矢板市塩田《しおだ》地区が、茨城県は高萩市上君田《かみきみだ》地区が提示された。

だが、この一方的な押し付けには、もちろん大反発が起こった。

また、福島県については、大量に発生した放射能汚染ゴミを、すぐに最終処分することは困難だとして、中間貯蔵施設を国の責任で建設し、一旦そこに運び込むことにしている。そのゴミについては、二〇一二年七月に閣議決定された「福島復興再生基本方針」で、「貯蔵開始後三〇年以内に、福島県外で最終処分を完了するために必要な措置を講ずる」とした。

二〇一四年九月には佐藤雄平福島県知事がその考えを受入れ、福島第一原発の所在地である福島県双葉町と大熊町に、中間貯蔵施設を建設することが決まった。

そして一一月に国会が、「日本環境安全事業株式会社」を「中間貯蔵・環境安全事業株式会社」に改組する法案（中間貯蔵・環境安全事業株式会社〈JESCO〉法）を成立させた。日本環境安全事業株式会社は、毒性が問題となり使用禁止となったPCB（ポリ塩化ビフェニル）の処理業務を国から委託されて行う会社だが、今度は中間貯蔵施設の運営管理も国から委託されることになった。

増えすぎた汚染土の「減容化」と「再利用」

環境省は、除染によって増えすぎた汚染土を減らす策を「減容化」と呼び、「再利用」

と共に推進する策を具体化しようと動き始めた。

二〇一五年七月、環境省がそのために新たに立ち上げた検討会が「中間貯蔵除去土壌等の減容・再生利用技術開発戦略検討会」（座長：細見正明東京農工大学大学院工学研究院応用化学部門教授）だ。

役割は、長い名の通り「中間貯蔵」する除去土壌を「減容化」したり「再生利用」したりする「技術開発」と「戦略」を「検討」することだ。

前章の最後に、環境省の幹部が、八〇〇〇ベクレル／キログラム以下の放射能汚染ゴミをリサイクルすることについて、「いつのまにかではない」、「本省の検討会」で、と答えているが、それがこの検討会である。

これは、福島県知事に約束した通りに、汚染土を県外で最終処分するためにできたもので、二〇一五年七月に第一回を開催し、二〇一六年四月までに次のような「戦略」と、「工程表」によって具体的に提示された（傍点は筆者）。

•本来貴重な資源である放射能濃度の低い土壌等を再生資材として利用可能とする技術

的・制度的・社会的条件をいかに整えるかが課題である。

- すべての除去土壌等を処分できる最終処分場を確保する実現性は乏しい。よって最終処分量を減らすには、何らかの形でそれを利用する必要がある。
- 放射性物質を含む除去土壌等はそのままでは利用が難しいから、前処理や減容化技術で処理して、一定の公共事業等に限定して再利用する。
- 中間貯蔵が始まってから三〇年後には、ほとんどの放射能汚染ゴミの濃度が四分の一に弱まって、七割が八〇〇〇ベクレル／キログラム以下に、残り三割は八〇〇〇ー一〇万ベクレル／キログラムになる。

つまり、環境省の意図は、除染によって生じた膨大な放射能汚染ゴミを、なるべく多く再利用することで、できる限り最終処分場をつくらずに済ませるというものだ。

そのために一〇〇ベクレル／キログラムというクリアランスレベルの八〇倍の八〇〇〇ベクレル／キログラムで再利用を可能にしようとしている。

最終処分場をつくらずに済ませる「工程表」

繰り返すが、八〇〇〇ベクレル／キログラム以下なら埋立処分をしてよい、さらには八〇〇〇－一〇万ベクレル／キログラム以下も埋立処分してよいというのは、この戦略以前に、すでに環境省令で定められていた。

環境省は、この間、八〇〇〇－一〇万ベクレル／キログラム以下を埋立処分する場所として、「株式会社フクシマエコテック」が福島県富岡町に設置している既存の産業廃棄物の最終処分場「フクシマエコテッククリーンセンター」を買い取っていた。

筆者が二〇一五年五月に初めてその現場を訪れた時には、表の看板には「管理者」としてフクシマエコテックの社長の名前が書かれていた。しかし、二〇一六年一〇月に立ち寄ると、「管理者」の名前が、環境省の福島環境再生事務所の所長の名前に書き換えられていた。

つまり、三〇年以内には三割になるという八〇〇〇－一〇万ベクレル／キログラム以下の放射能汚染ゴミをそこに埋立てる。そして、もしも戦略通りに、残り七割の八〇〇〇ベクレル／キログラム以下をすべて公共事業で再利用すれば、その他には、県外の最終処分場がいらなくなるという構想だ。

ただし、この構想には欠陥がある。そこに処分すると述べている八〇〇〇―一〇万ベクレル／キログラム以下は現在、一〇〇〇万立方メートルと想定されている。それに対して、フクシマエコテッククリーンセンターの許可埋立容量は九六万立方メートルしかない。いくら減容化しても、ここだけでは足りない。

一方、「工程表」は、その野望をどう進めていくか、スケジュールを示したものだ。そこでは次の四つのプロセスを同時進行させることになっている。

①　減容・再生利用技術の開発
②　再生利用の推進
③　最終処分の方向性の検討
④　全国民的な理解の醸成等

この四つを縦軸にして、横軸には二〇四四年度までの三〇年間の目標が書き入れられている。これによると最終処分は三〇年間で「完了」する予定だ。

工程表の最後にある「全国民的な理解の醸成等」には、公共事業で八〇〇〇ベクレル／キログラム以下の放射能汚染ゴミを再生利用することへの理解を促すことも含まれているのだろう。しかし、我々は本当にそれを「理解」すべきなのだろうか。

国会で初めて存在が明らかになった「安全性評価検討WG」

環境省は、この「戦略」と「工程表」を単独で編み出したわけではない。この検討会の裏には、作業グループ（ワーキンググループ／WG）の存在があった。検討会の下部組織としてつくったものの、その存在は対外的には公表していなかった。

その存在を暴いたのは国会審議だった。福島第一原発事故以来、東電や政府に対する取材活動を続けているよしもとクリエイティブ・エージェンシーに所属する芸人・おしどりマコさんが、再利用による被ばくリスクの安全評価を検討するWGがあるらしいことを、山本太郎参議院議員に伝えた。

山本議員が二〇一六年四月一三日、参議院の「東日本大震災復興及び原子力問題特別委員会」で質問するに当たり、事前にそのWGの議事録を要求したところ、「非公開のワーキンググループなので公開しないと言われた」と、丸川珠代《たまよ》環境大臣に追及し、次のような答弁を引き出した。

山本議員　こういう安全評価をするワーキンググループ、存在するんですか、しないんですか。その二択でお答えください。

丸川大臣　御指摘の検討会、これは「中間貯蔵除去土壌等の減容・再生利用技術開発戦略検討会」でございますが、この検討会の下に、除去土壌等の再生利用における追加被ばく線量の基準等の素案について検討することを目的といたしまして、放射線防護、放射線管理などの専門家から成る「除去土壌等の再生利用に係る放射線影響に関する安全性評価検討ワーキンググループ」を設けております。

「除去土壌等の再生利用に係る放射線影響に関する安全性評価検討ワーキンググループ」

（以下、安全性評価検討WG）の名前が初めて明らかになった瞬間だった。

情報公開後進国ニッポンの先祖返り

国が政策形成を行う会議（審議会、諮問委員会、WGなどさまざまな名称が使われる）を公開し、「国民の知る権利」を確保することは、国際的に見れば当たり前だ。

例えば、情報公開の先進国であるアメリカは、行政文書については一九六六年に「情報自由法」（日本の情報公開法に当たる）を制定、会議については一九七二年に「連邦諮問委員会法」を制定した。これにより会議の「開催の広報」、「議事の公開」、「議事録の公開」などを義務付けている。

ところが、日本では、情報公開法が一九九九年にできたが、その対象は行政文書だけで、会議の公開は対象外だ。一九九九年に閣議決定した「審議会等の整理合理化に関する基本計画」の中の「審議会等の運営に関する指針」で会議の公開を求めているが、法的な拘束力はない。それでもこれ以降、最低限の改革は進んできたはずだった。

しかし、原発事故後の環境省は、被ばく影響に関係する会議をことごとく非公開で行っている。しかも今回は親会《おやかい》である中間貯蔵除去土壌等の減容・再生利用技術開発戦略検討会は公開し、その裏で実質的な審議をする下部組織（安全性評価検討WG）を密《ひそ》かに開いていた。

そしてそれが明るみに出ると、環境大臣自らが次のような理屈で非公開を許容した。

「委員による率直な意見交換や確保を促進するため、また、検討段階の未成熟な情報や内容を含んだ資料を公にすることによって誤解や混乱を生む可能性もあるということで非公開扱いとしております」

しかし、その後、その名称と共に、議事録と資料がウェブサイトに公開されていくこととなった。

その結果、このWGは、二〇一六年一月から五月にかけて六回、JAEAの東京事務所（千代田区内幸町）で行われ、メンバーは、大学から四人、JAEAから二人、放射線医学総合研究所から二人という八人構成であることも分かった。

「減容・再生利用方策検討WG」とは

しかし、非公表のWGはもう一つあった。「安全性評価検討WG」について調べようと、インターネット検索をしていて、名前がよく似た別のWGがもう一つあることを発見したのだ。

それが「中間貯蔵施設における除去土壌等の減容・再生利用方策検討WG」（以後「減容・再生利用方策検討WG」と略す）だ。この「減容・再生利用方策検討WG」の情報がヒットしたのは、なぜか土木学会のウェブサイトだった。

土木学会は一九一四年に設立され、四万人の会員（二〇一六年一一月末現在）を抱える土木工学の老舗《しにせ》学会だ。

多くの人は、「学会」と言えば純粋な学術機関だと思うだろうが、実は違う。会員は研究者に留まらない。土木、エネルギー、鉄道・道路など業界人の集まりでもある。

会長もまた、業界と国土交通省と学界が、持ち回りで人材を送り込んでいる。創立以来、今日までに歴代一〇三人の会長のうち半数以上が、建設省や運輸省（現・国土交通省）の元幹部だ。現学会長は「鹿島建設」副社長、その前は、土木コンサルタント業「日本工営」の社長、その前が学者だ。三一人の役員構成も同様である。

つまり「産官学」の関係を絵に描いたような集団だ。

その土木学会が、なぜ、「減容・再生利用方策検討WG」なる場を設けたのだろうか。まずは土木学会の公表資料を辿った。

JAEAが土木学会に再委託

このWGは、土木学会の「エネルギー委員会」の「低レベル放射性廃棄物・汚染廃棄物対策に関する研究小委員会」の下に位置付けられており、基本的な情報が明らかにされていた。

二〇一五年八月から二〇一六年二月までに会議が三回、土木学会本部（新宿区四谷）二階の会議室などで開催された。WG設立の要旨は、次のようなものだ。

土木学会は、福島第一原発事故後に、環境省が進めてきた中間貯蔵施設の計画に早い段階から、間接的な協力や支援を行ってきた。汚染物の九割以上は除去土壌で、減容、再生利用することによって、汚染物の量をできるだけ減らせる。そのための提言をWGはする。また、それを福島の早期の復興・住民帰還につなげていくことが重要であり、一般への理解醸成にも学術機関としての役割を果たしていきたい。

WGメンバーは、電力会社が人もカネも出す「電力中央研究所」から三名。その他、環境省の研究機関である国立環境研究所、国土交通省の研究機関である土木研究所、農水省の研究機関である農業・食品産業技術総合研究機構、国際農林水産業研究センターからも出席がある。オブザーバーとして環境省の除染中間貯蔵企画調整チームが出席。委託元としてJAEAが出席していた。

第一回のWGでは、JAEAが「再生利用の促進に関する調査研究計画」六項目を土木学会に示し、議論が始まった。

この六項目は、環境省が設置した「中間貯蔵除去土壌等の減容・再生利用技術開発戦略検討会」での検討事項と重複する部分が多く、本当は土木学会ではなくこの検討会のためにつくられたWGとしか思えないが、環境省のウェブサイトにも一切、その情報はない。

本当に環境省の検討会のWGではないのか。また、委託元がJAEAで、オブザーバーに環境省のチームが参加しているのはなぜか。土木学会に確認取材をすることにした。

土木学会の代表電話から担当者に問うと、「文書で受け付け、文書で回答する」と言うので、すぐに質問を送った。

その回答と、環境省、JAEAへの取材の結果をまとめて言えば、やはりこのWGも環境省の検討会の下部に設けられたもので、環境省はその運営をJAEAに委託し、そしてJAEAは一部を土木学会に再委託したという関係だと分かった。

親会の検討会を統括している環境省の除染・中間貯蔵企画調整チームの永野喜代彦主査は、再委託の理由をこう述べた。

「JAEAは、放射線防護や放射性物質の扱いについては、これまで知見がある組織であり、被ばくのシミュレーションや、どういう遮蔽をしたらいいかは自前でできる。ただ、土木の構造物をつくる時に、どういう管理が土木の面から必要なのか。盛土をつくる時に、どういう品質が必要か、これまで施工例があるか、災害の履歴だとかはJAEAだけだと限界があるので、土木学会さんにご協力を仰いでいる」

一方、ＪＡＥＡの油井三和福島環境安全センター長は、「環境省から受託した中の一部のお金を使って土木学会と契約を結んだ」と述べた。

密室で決められる放射能汚染ゴミの再利用

筆者は土木学会に、ＷＧで提出された「再生利用の手引き（案）」を含め、ＷＧ資料の公開を求めた。これに対し、土木学会はこう回答した。

「本ＷＧでは、各委員からのさまざまな意見を忌憚《きたん》なく交差・議論させ検討するという趣旨から、検討資料については非公開を原則として進めることをＷＧの了解を得て実施してきていますので、開示はお断り致します」

先述の丸川大臣と同じような回答だが、このＷＧも環境省からＪＡＥＡを経由して委託されたものである。つまり、国民の税金が使われているのだ。それを非公開のまま押し通すことに理はない。

そこで、永野主査が全資料を入手していることを確認し、環境省に情報公開法で開示請

図16 「中間貯蔵除去土壌等の減容・再生利用技術開発戦略検討会」と2つのワーキンググループ（WG）の関係

環境省、日本原子力研究開発機構、土木学会への取材をもとに筆者作成。（2017年12月時点）

求をしたところ、一部が黒塗りとなった。「再生利用の手引き（案）」や、「再生利用時の被ばく評価、被ばく線量の考え方」、「社会的受容性に向けた取り組みについて」などが塗りつぶされていた。このような重大なことが密室で決められていく。

ここまで見てきたように、環境省は、放射能汚染ゴミの再利用に関する安全性の裏付けを「安全性評価検討ＷＧ」に、そして放射能汚染ゴミを減らして再利用する方策を「減容・再生利用方策検討ＷＧ」に、切り分けて検討させたことになる（図16）。

被ばくの危険性がある地域へ被災住民を帰還させる。そのために放射能汚染ゴミが莫大に出る除染を進める。この方針を実現するために、安全宣言をするＷＧを立ち上げ、放射能汚染ゴミを減容・再利用するＷＧもつくる。国民、とりわけ、被災住民を無視した環境省の政策は、このように水面下で着々と進んでいたのだ。

帰還政策による除染の加速

そこで考える必要があるのが、除染は、本当に住民のためになっているのかということだ。もちろん、少しでも放射能による汚染を減らし、元の家に戻りたいと望んでいる人もいるだろう。また、避難しない選択をした人々や、すでに戻った人たちもいる。

しかし、同時に、避難や移住を選択する人々もいる。問題は、除染が、政府の避難指示解除とセットで進められてきたことだ。

二〇一一年八月九日、原子力災害対策本部は、原子力安全委員会の助言を受けた形で、避難区域の見直しと共に住民帰還政策へと舵《かじ》を切り始めた。同年一二月には、空間線量年二〇ミリシーベルト以下になることなど三要件をクリアすれば、避難指示を解除して住民に帰還を促す方針を明らかにした。

二〇一五年六月になると、年間五〇ミリシーベルト以上ある地域を除いては、二〇一七年三月までにすべての地域で避難指示を解除するとした。自主避難者への福島県からの住宅支援も打ち切られる方針が明らかになり、以来、国会周辺では、汚染地域への強制的な帰還につながりかねないとして、度々反対集会が開かれている。

二〇一六年五月に開催された集会では、居住制限区域から避難中の住民が、「帰還させることを前提に、戻る気がない世帯にも除染を勧め、不必要に除染を行っている」と発言した。その発言を行ったのは、福島県富岡町から会津若松市に避難中の古川好子さんだった。

彼女の実体験によれば、除染を勧める電話は、避難した年から二年間は、除染の下請け業者から避難先に一ヵ月に一回の頻度でかかってきた。「帰れない」と断っていると、二年目に業者が変わり、引き継いだ業者からも電話があった。三年目になると元請け業者から「どうするか」と言われ、それでも「帰れない」と除染を断っても、一〇回は電話があったと言う。ついに四年目以降は、環境省の担当者に代わり、また断ると、「そうは言っても、周りは皆、終わっている」とプレッシャーをかけられたという。

「帰れない」という住民にも容赦なく、除染を促す状況だったのだ。

除染では、主に田畑や果樹園、牧草地や宅地周辺の森林の表土や草木を剝ぎ取り、家屋や道路などを洗浄して、表面に付着した放射性物質を減らしている。

ちなみに、宅地周辺での除染効果は次の通りである（図17）。

家の中の除染は除染事業の対象外で、カーテンや畳などには放射性物質が付着したまま、外の除染が終わると、屋内の方が放射線量が高くなる逆転現象も起きた。それが指摘されると「清掃」という事業も希望者に対して始まった。

図17　宅地周辺での除染効果

除染対象地区	除染方法	除染前空間線量率平均値（マイクロシーベルト／時）	除染後空間線量率平均値（マイクロシーベルト／時）	低減率
大熊町役場周辺	庭の除草、表土剝ぎ、屋根や壁の拭き取り等	11.5	3.9	66%
浪江町津島地区	庭の除草、表土剝ぎ、屋根や壁の拭き取り等	10	5.7	43%
富岡町夜の森公園周辺	表土剝ぎ、高圧洗浄、舗装切削、ブラスト処理等	7.9	4.2	47%
浪江町権現堂地区	庭の除草、表土剝ぎ、高圧洗浄等	5.7	2.6	54%
飯舘村草野地区	庭の除草、表土剝ぎ、高圧洗浄等	3.6	2.2	39%
川俣町坂下地区	庭の除草、表土剝ぎ、水洗浄、ブラッシング等	3	1.7	43%
葛尾村役場周辺	庭の除草、表土剝ぎ、屋根の洗浄、壁の拭き取り等	1.7	1.3	23%
南相馬市金房小学校周辺	庭の除草、表土剝ぎ、高圧洗浄、ブラッシング等	1.3	1.1	19%

内閣府原子力被災者生活支援チーム「警戒区域、計画的避難区域等における除染モデル実証事業　報告の概要（最終修正版）」（2012年6月）より筆者作成。

除染ゴミも除染土もフレコンバッグに入れ、国がいつの日か、引き取る準備ができるまで、住民が提供する仮置き場や仮仮置き場に保存する。政府が除染と呼ぶこうした事業のことを、汚染を他に移動させるだけの「移染」だと批判する人は少なくない。

廃炉時代の新たな脅威

話を元に戻すと、環境省は、「戦略」と「工程表」を公表した二ヵ月後の二〇一六年六月、それをさらに進めるための「再生資材化した除去土壌の安全な利用に係る基本的考え方について」を発表した。

「再生資材化」した放射能汚染ゴミを公共事業に利用することがいかに安全であるか、八ページにわたって書かれている。

要約すると、除去土壌は「人為的な形質変更が想定されないところで使うから安全」、「土砂やアスファルトやコンクリートで覆うから安全」、「災害で破損しても修復するから安全」などとしている。

もしも、この考えが実行され、道路や防潮堤などの基盤構造に使われる日が来れば、私たちの生活環境は放射能汚染ゴミに脅かされることになる。

なぜなら、環境省のいう「形質変更がない」も「遮蔽」も「修復」も、絵に描いた餅だからだ。

写真6　岩手・宮城内陸地震による地滑りで荒砥沢ダムへと崩落した山塊（宮城県栗原市、2008年10月1日撮影）

地震、水害、土砂崩れの現場を取材してきた経験から言えば、ひとたび災害が起これば、町でも山でも、地面は無残に裂ける（写真6）。

それを証明したのが、二〇一一年の東北地方太平洋沖地震のはずだ。茨城から福島、宮城に至るまで、アスファルト道路や土で盛られた堤防は、パックリと地割れし、コンクリートで覆われた防潮堤も破壊され、埋立地は液状化し、造成地の盛土も無残に崩れた。

その後も、二〇一四年八月二〇日の広島豪雨では、三六一戸の家が土砂災害に飲まれ全半壊した。

また、二〇一五年九月一〇日の関東・東北豪雨では、鬼怒《きぬ》川の堤防が決壊し、その衝撃で道路も畑もえぐられた（写真7）。

写真7　堤防決壊で崩れた道路（茨城県常総市、2015年9月14日撮影）

この豪雨で、環境省が適地として選んだ栃木県矢板市塩谷町の最終処分場候補地は冠水した。さらに福島県飯舘村では、除染で生じた放射能汚染ゴミを入れた土嚢が流出。四四八袋が河川に流され、うち三〇〇袋の中身が消えたり破損したりし、五袋は未回収と発表された。こうした事例は後を絶たない。

環境省は、除去土壌を再利用する工事中の「飛散・流出防止」なども謳っているが、工事を密閉空間で行うのは困難だ。時に強風が吹き、土砂は舞い上がり、土木作業員はその中で息をし、周辺には人家がある。置いておいた資材が自然災害で流出することも容易に考えられる。繰り返すが、これは福島をはじめとした被災地に限った話ではなく、全国の公共事業で使われることから、問題は日本全土に及ぶ。

さらには、このやり方で八〇〇〇ベクレル／キログラム以下の土壌のリサイクルが許されるなら、原発を解体して出てくるゴミもクリアランスレベルの一〇〇ベクレル／キログラムではなくて、八〇〇〇ベクレル／キログラムまで資源だと言い始めることが懸念される。

廃炉時代を迎え、それは現実味を帯びてきている。

世界が福島に注目?「イノベーション・コースト構想」

除染事業ほどではないが、汚染土から放射性セシウムを取り出す技術開発にも巨費が投じられ始めている。

二〇一五年までの累積で、四四七四億円が、原子力災害からの復興のための「研究開発拠点の整備等」として費やされている。

研究開発拠点の一つは、福島第二原発のある楢葉町にできたJAEAの「楢葉遠隔技術開発センター」だ。福島第一原発の廃炉に向けたロボット開発や実験ができる施設として二〇一六年四月にオープンした。

二〇一六年七月二一日には、三春町《みはるまち》に福島県が開設した「環境創造センター」が全館オープンした。ここにも、JAEAと環境省の国立環境研究所が入居した。国際原子力機関（IAEA）も県と覚書を交わし、ここを拠点に放射線モニターや除染で協力を行うこととなった。

これらは、経産省のテコ入れで、二〇一五年六月に福島県がまとめた「福島・国際研究産業都市（イノベーション・コースト）構想」の一環だ。

その構想とは「オリンピック・パラリンピックが開催され、世界がこの地域の再生に注目する機会となる二〇二〇年を当面の目標に、廃炉の研究拠点、ロボットの研究・実証拠点などの新たな研究・産業拠点を整備する」というものだ。

減容化の技術を競い合う研究者たち

こうした研究機関に出入りする人材が集う新たな学会もできた。「環境放射能除染学会」はその一つだ。設立は二〇一一年一一月。国が除染政策へと舵を切った「放射性物質汚染対処特別措置法」成立のわずか三ヵ月後に、早くも除染の名を冠した学会が誕生していたのである。

この学会の目指すところは、できるだけ多くの除染土をリサイクルして、中間貯蔵施設に運び入れる量を減らすというもので、国の政策と合致している。

役員や評議員には、環境省の検討会に名を連ねる学者の他、除染で利益を上げている鹿島建設、大林組、清水建設、東芝、三菱マテリアルなどの企業の面々もいる。

一体、何を研究している学会なのか。二〇一六年七月に、福島市内で開催された第五回研究発表会を取材した。研究発表会の共催・後援者には、環境省、福島市、国立環境研究所、JAEAの他、多数の学会と業界団体が加わっている。

研究発表内容は、当初多かった除染技術に関するものより、汚染土の容積を減らす減容化技術の発表が増えている。ほとんどが、企業と国の研究機関の共同研究だ。

東京電力や環境省は、放射性物質の中でもセシウムが「支配的」、つまりセシウムがほとんどだと考えている。実際は、爆発時に燃料も飛び散り、ストロンチウムや、ウラン、プルトニウム、それらの化合物が含まれているが、研究者たちはそれを無視して、どの研究も対象をセシウムに限っている。

そして、その限定的な研究の結果、除去土壌の減容化技術としては、「分級処理」、「化学処理」、「熱処理」の三つが有望視されているようだ。

「分級処理」とは、ふるいにかけると、小さな粒の方にセシウムが多く吸着されるので、それを取り除けば、放射能濃度の低い土が残るという処理方法だ。「化学処理」とは、溶液中でセシウムを吸着しやすい他の物質と混ぜて取り除く処理方法である。そして、「熱処理」とは、セシウムを分離しやすくさせる他の物質を混ぜた上で、熱して空気中に気化させたものを冷却して捕らえて、処理する方法だ。

減容化で濃縮され、危険性を増すセシウム

学会の研究発表は、発表が約一五分、質問が五分のペースで行われた。発表する側も質問する側も、共に受注を競い合うライバル同士である。それにより、白熱した議論が展開され、それぞれの技術の課題も見えてきた。

「分級処理」で汚染の濃淡を分けると、濃度が高くなった方は扱いが困難になる。一方で、

薄くなった方も、それが安心して再利用できるレベルかという問題は残る。

「化学処理」をすれば、セシウムを帯びた別の副産物ができる。加える化学物質のコスト、質や量によっては、減容化にならず、安全性や実現性もかえって危うくなる。

「熱処理」は気化に必要なエネルギーを大量に消費し、コストがかかる上に、気化したセシウムを回収できるかどうかの安全性や不確実性が課題だ。

しかしいずれにせよ、放射性物質が消えるわけではなく、減容化すれば、一方でセシウムが濃縮され、危険性が増す。コストと時間をかけて扱いに困る厄介なものができる上に、被ばくリスクを負ってまでやるほどの減容効果が上がるのかは、未知数だ。

どの研究にも言えるのは、セシウムが濃縮された厄介な副産物による社会的な影響、環境影響を考えることが後回しになっていることだ。

ちなみに、環境省に開示させた土木学会の「減容・再生利用方策検討WG」の議事録には、次のような指摘もあった。

「低濃度土壌と競合する他の材料があることに留意する必要がある。（略）如何《いか》にして低濃度土壌を使うことの意義や必要性を示すかが重要な課題である」

競合する他の材料とは、低濃度に汚染された津波堆積土などである。つまり、このままでは、コストと時間をかけて汚染濃度を下げる技術を開発しても、使い道がないという元も子もない話になる可能性すらある。

「全国民的な理解の醸成」が前提の戦略

これまで見てきたように、原発事故以来、政府は、除染政策へと突き進んできた。それは、公衆の被ばく限度である年一ミリシーベルトを超える地域から人々が避難することを支援する代わりに、除染を行い、東京ドーム一八杯分もの大量の放射能汚染ゴミが発生する事態を招いた。

しかし、最終処分場をつくることは当然、難航する。

そこで、膨大な量の放射能汚染ゴミを減らすために、八〇〇〇ベクレル／キログラム以下を公共事業で再利用するための戦略と工程表がつくられた。その戦略を遂行すべく、産官学が密に連携し、その技術開発に乗り出している。しかし、その開発される技術の安全性やコスト、そして必要性すら二の次になっていることも判明した。

そして、その戦略には「全国民的な理解の醸成」も含まれている。

では、公共事業で放射能汚染ゴミを使っても安心だと、非公開の会議で決定した環境省の言うことを、我々は「理解」できるだろうか。

公共事業で使う際には、厳重な管理が必要とされている。にもかかわらず、第一章や第二章で見てきた放射能汚染ゴミの処理や管理実態からすると、到底、「理解」できる代物ではない。

それでも、国は公共事業で放射能汚染ゴミを再利用する方針を変えていない。このまま進めば、放射能で汚染されていない地域にも、潜在的に被ばくのリスクを強いることになる。放射能汚染を一段と拡大させる大きな一歩を踏み出すといっても過言ではない。

これを撤回させる方法はないのだろうか。次章では、その手がかりを示したい。

第五章　それでも放射能汚染ゴミを公共事業で使うのか？

どこに放射能汚染ゴミが使われるのか

繰り返しになるが、ここで改めて八〇〇〇ベクレル／キログラム以下の放射能汚染ゴミを公共事業でリサイクルする政策について説明したい。

前述の環境省が設置した「中間貯蔵除去土壌等の減容・再生利用技術開発戦略検討会」は、二〇一六年四月に、東京電力福島第一原発事故後の除染で出た汚染土を、八〇〇〇ベクレル／キログラム以下にして使う戦略を提示し、六月には安全に使う考え方を明らかにした。

その政策をもう一度まとめてみよう。

目的は、除染などで生じた膨大な量の汚染土の最終処分量を減らすために、資材として利用することだ。

安全のために、使うのは人為的な形質の変更が想定されない公共事業に限定する。用途先には、土砂やアスファルトで覆われた道路や鉄道の盛土材、コンクリートや植栽で覆われた防潮堤や海岸防災林などの盛土材、さらには土地造成や水面埋立てなどの埋立材、廃

図18　放射能汚染ゴミ再利用の用途先（例）

盛土材として使用

●道路・鉄道
土砂やアスファルト等で被覆する

●防潮堤
コンクリート等で被覆する

●海岸防災林
植栽された土砂で被覆する

埋立材・充填材として使用

●土地造成・水面埋立て

その他の個別用途

●廃棄物処分場（最終処分場）
覆土材や処分場土堰堤で被覆する

除去土壌等の再生利用に係る放射線影響に関する安全性評価検討WG「除去土壌等の再生利用に係る放射線影響に関する安全性評価検討－検討状況の取りまとめ案－」（2016年6月）をもとに筆者作成。

棄物の最終処分場の覆土材などが想定されている（図18）。

周辺住民や施設の利用者、作業員の追加の被ばく線量を年一ミリシーベルト以下に制限するために、汚染の濃度や用途に応じた厚さで計画、設計し、覆土し、工事中や完成後の飛散や流出を防止し、適切な管理の下で使うとしている（図19）。

ただし、作業員については、周辺環境が「電離放射線障害防止規則」などの適用が必要になるほどに汚染されている場合は、一年で五〇ミリシーベルト、五年で一〇〇ミリシーベルト以内とし、原発作業員並みとなる。

このようにして八〇〇〇ベクレル／キログラムの放射能汚染ゴミを使った場合、それが一〇〇ベクレル／キログラムという、セシウムのクリアランスレベルに下がるまでには一八〇－二〇〇年近くかかるという計算もされている（図20）。

そして、実証事業などを実施しながら、再生利用の本格化を目指すとしている。

しかし、この再利用政策には、住民の安全を守る上で重大な欠陥があった。

再利用政策の欠陥

まず、原発施設には存在する防護策が、再利用政策ではまったく考慮されていない。

例えば、除去土壌を入れた盛土は突然、完成形で出現するわけではない。工事が順調にいったとしても、工事現場では雨が降ったり、人の靴やトラックのタイヤに八〇〇〇ベクレル／キログラムの汚染泥が付着したりするかもしれない。すると、居住空間に持ち出され、乾き、漂って、周辺住民や作業員に、内部被ばくを引き起こすことも考えられる。原発施設では建物から外へ出るだけでも、ゲートが設けられて、汚染物質が持ち出されることがないよう対策が取られているが、再利用政策では公共空間で行う公共事業だというのに、汚染物質が持ち出されないように防ぐ策が、何も考えられていない。

図19　放射能汚染ゴミ再利用の方法

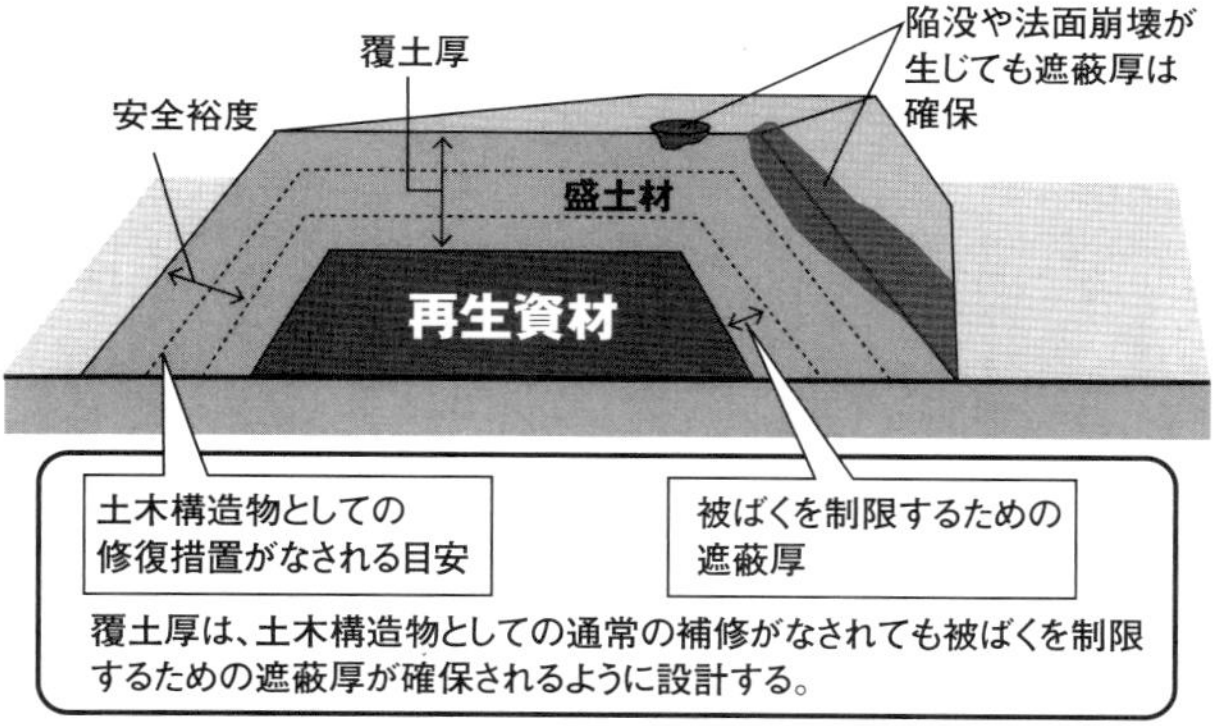

除去土壌等の再生利用に係る放射線影響に関する安全性評価検討WG「除去土壌等の再生利用に係る放射線影響に関する安全性評価検討－検討状況の取りまとめ案－」をもとに作成。

図20　約100ベクレル／キログラム（クリアランスレベル相当）に減衰するまでに要する時間

汚染土を使い始める時の放射性セシウム134+137の濃度（ベクレル／キログラム）	500	1000	3000	5000	8000	10000
2016年に汚染土を使い始めた場合	62年	92年	140年	163年	183年	193年
2046年に汚染土を使い始めた場合	71年	101年	149年	171年	191年	201年

除去土壌等の再生利用に係る放射線影響に関する安全性評価検討WG「除去土壌等の再生利用に係る放射線影響に関する安全性評価検討－検討状況の取りまとめ案－」より筆者作成。

また、原発からの低レベル放射性廃棄物のクリアランスレベルでは、最低三三核種を想定してつくられたものであるのに対し、除去土壌では、セシウム一三四と一三七しか考慮していない。

そもそも、原発で生じた放射性廃棄物なら、原子力規制委員会が、クリアランスレベル以下であると汚染濃度を確認する制度があるが、除染で生じた汚染土では、そのような第三者が確認する制度は考えられていない。

さらに、クリアランスレベルに達する前の汚染土を、長期間にわたって公共事業で再利用する上での文書管理などの仕組みも検討されていない。環境省は「記録の作成・保管をして適切に管理する」としているが、二〇〇年近く記録を管理する制度的な裏付けはない。公文書管理法による文書の保存期間は、国の公共事業関係では、長くても三〇年だ。

しかし、どれだけ政策の穴が見つかったところで、この八〇〇〇ベクレル／キログラムを公共事業で再利用する策を、国は止めようとしない可能性がある。日本は、原発問題のみならず、一つの政策が動き始めたらなかなか針路を転換できない国だからだ。

その一因は、産官学が綿密に連携し、政策をつくり上げてしまうことにある。多少の問題が起きても、後戻りできずに問題を抱えたまま進んでしまう。

では、どこに展望を見出せばいいのか。筆者は、それを「自治」の中に見出す。孤立を恐れなければ、それは機能する。それを予感する事例がいくつかある。

本章では、こうした事例を参考に、放射能汚染ゴミの再利用問題への対抗策を考えたい。

その前に、自治の力が発揮できず、国の言いなりになることで、問題が生じた例から見ていこう。反面教師として教訓となるはずだ。

国の方針通りにしたためにセシウムが溶出

二〇一一年九月、群馬県伊勢崎市の最終処分場の排水から、排水基準を超える放射性セシウムが利根川に放出された。二〇一一年七－九月に測定された三ヵ月の排出の平均値が、国が定める基準を超えたのだ。大雨で処分場が浸水したことにより、焼却灰に含まれていたセシウムが溶出したようだと環境省は分析した。

報道では、こうした基準超えは、これが全国初だと書かれていた（「毎日新聞」二〇一一年九月二〇日付「最終処分場排水から基準超え検出」）。

しかし、重要なことは、これが全国初かどうかではない。国の言いなりでは、放射性物質が漏えいするということだ。

この出来事が起きたのは、国がすでに八〇〇〇ベクレル／キログラム以下なら埋立処分が可能であると打ち出した後だ。しかし、実際に、その通りに処理を行うと、「大雨」という現象が加わるだけで、破綻した。

また基準超えが分かるのが、国が定めるように三ヵ月待たねばならないのも問題である。ここで言う国の基準とは、放射性物質汚染対処特別措置法に基づく「維持管理基準」だが、簡単に言えば、セシウム一三四と一三七を合計して一リットル当たり概ね七五ベクレルを三ヵ月平均して超えて初めて、問題だとされるという悠長な基準である。

伊勢崎市ではその後、現在（二〇一六年九月）に至るまで、この最終処分場から漏出する水を、セシウムを吸着する性質を持つ鉱物「ゼオライト」一トンに二度通してから放流を行っている。念には念を入れて、首都圏の水瓶《みずがめ》である利根川への放射性物質の流出を防いでいるのだ。

埋立基準を守ると新たな放射能汚染ゴミが発生

次は千葉市の事例だ。市はこれまで、八〇〇〇ベクレル／キログラム超えの指定廃棄物申請を二件行っている。

一件目は、原発事故直後のことだった。千葉市はもともと、市の新港清掃工場（美浜区）で焼却灰を溶融した「溶融スラグ」をつくり、業者に引き渡していた。事故後は溶融スラグから放射性物質が検出されるようになり、引き取り手がなくなった。そこで、二〇一一年四月から、溶融スラグの保管を続けていたが、その放射能濃度は、七月までに最高九三二〇ベクレル／キログラムまで上昇した。八〇〇〇ベクレル／キログラム以上の溶融スラグは合計七・七トンとなった。フレコンバッグに入れ、上からブルーシートを掛けて、新港清掃工場内の倉庫を立ち入り禁止にして保管した。

その後、溶融スラグが八〇〇〇ベクレル／キログラムを下回ったものは、保管はやめて、国が可能とした埋立処分を最終処分場（若葉区）で開始した。念のための措置として、水処理施設内の活性炭を入れていた場所に追加でゼオライトを入れた。セシウムを吸着させるためだ。

指定廃棄物申請の二件目はそのゼオライトだった。二〇一四年三月、そのゼオライトを交換するために測定をすると、それ自体が八四九〇ベクレル／キログラムになっていた。吸着に使っていた計三・五トンのゼオライトが指定廃棄物になったのだ。

千葉市ではその後、「ゼオライトを長く放置していけば、また八〇〇〇ベクレル／キログラムを超えてしまうかもしれない」として、濃度が高くなる前に早めに頻繁に交換をする工夫で凌《しの》いでいる。その間隔は当初一ヵ月であったが、二〇一六年九月の段階で、約五週間間隔となっている。

ここでも、環境省の埋立処分の基準に沿えば、新たに放射能汚染ゴミを生むという教訓が得られる。

「指定解除」後も埋立処分しない千葉市の英断

二度にわたって指定廃棄物を申請した千葉市だが、二〇一六年六月に再測定をすると、八〇〇〇ベクレル／キログラムを下回ったとして、指定廃棄物解除の手続きを行った。七月二二日に指定取り消し通知書が千葉市長に届き、解除となった。しかし、千葉市では引き続き、埋立てせずに保管を続けることに決めている。

「地元の住民感情を慮《おもんばか》れば、八〇〇〇ベクレル／キログラムを下回ったからといってすぐに埋立処分するということにはなりません」（千葉市環境局資源循環部廃棄物対策課）という。

地元事情に詳しい市民によれば、千葉市全体で見れば、山林面積の多い若葉区に最終処分場が集中する傾向にある。若葉区住民から見れば、「なぜ、私たちばかり」という心境なのだろう。

一方、千葉県全体で見た場合、現在、指定廃棄物問題で脚光を浴びているのは、むしろ千葉市の臨海部である。環境省が、千葉県の指定廃棄物の最終処分場として候補に挙げているのが、そこにある東京電力火力発電所（千葉市中央区）の敷地内だからだ。

「放射性廃棄物最終処分場に反対するちば市民の会」の長谷川弘美さんは、「まさか、千葉市が候補地になるとは驚きました」と語る。

千葉県内の指定廃棄物の量で言えば、柏市、松戸市、流山市の順に多く、千葉市から出た指定廃棄物の量は県内全体の〇・二パーセントでしかない。

「千葉県内の候補地の選定は、二〇一三年四月から四回にわたって市町村長会議で話し合われていました。他の首長は出席して受入れ拒否を表明していたのに、千葉市長は一度も出席していません」(長谷川さん)。

長谷川さんたちは勉強会を重ねた上で、「現在、指定廃棄物を抱えている市では、幸い適正に保管が行われています。最善の策だとは言えませんが、千葉県ではそのまま分散保管をするべきではないかというのが、私たちの考えです」と話す。そして国や県や市が、市民の意見も反映しながら、この先の物事を決めていくことを求めている。

ちなみに茨城県では、高萩市が指定廃棄物の最終処分場候補地として頓挫した後、指定廃棄物を一時保管している一四市町長の会議などを通して、二〇一六年二月に分散保管が決定した。

群馬県では二〇一六年一二月二六日、環境省からの提案で分散保管が決定した。

凝り固まった国の政策に風穴を開けるのは、このように「自治」の力なのである。

伊勢崎市や千葉市の事例を挙げ、八〇〇〇ベクレル／キログラム以下なら公共事業で使えるという政策は撤回すべきではないかと環境省に尋ねた。

この質問に、担当者である除染・中間貯蔵企画調整チームの永野喜代彦氏は、「焼却灰についたセシウムは溶出しやすいが、セシウムがついた除染土は違う」と反論した。だが、この回答には致命的な問題点がある。

環境省は、八〇〇〇ベクレル／キログラムは「安全に処分できる基準」であると資料で示し、それを放射性物質汚染対処特別措置法に基づく環境省令で位置付けた。

しかし、今、「焼却灰についたセシウムは溶出しやすい」とはっきり分かったのであれば、まずは、次へ進む前に、埋立処分の指示を撤回し、法令改正をすべきだ。

伊勢崎市や千葉市の事例があるにもかかわらず、政策を顧みることなく論拠だけ変えるのでは、前章で紹介した環境省の戦略である「全国民的な理解」は得られない。

規模の大きな自治体でも方向転換の難しさを抱えている可能性がある。最大の人口を抱える自治体、東京都の最終処分場ではどうなっているのか取材を行ったが、伊勢崎市や千葉市の事例が十分に活《い》かされていないことが分かった。

東京二三区の最終処分場は第一章で登場した「中央防波堤外側埋立処分場」だが、ここでは、国立環境研究所の助言のもと、早々とゼオライトを吸着材として、整備済みだった。ところが驚いたことに、ゼオライトは、交換できない形で、埋め込んで整備してしまった。吸着材はあくまで吸着材であり、飽和すれば、吸着効果はなくなることが考慮されていない。

しかも、放射性物質汚染対策特別措置法に基づけば、最終処分場から湧出する雨水を公共用水に放流する際、その水の放射性濃度を三ヵ月平均値でモニタリングしなければならないが、ここではやっていない。なぜなら、ここから放流される水は、公共用水である海にではなく、もう一度、中央防波堤外側埋立処分場の水処理施設にかけるからだと言う。しかし、水処理施設を出た後は、東京湾である。

また、ゼオライトを交換可能な形に整備しなおすこともしないと、東京都環境局資源循環推進部の吉澤真由美埋立調査担当課長は語った。

千葉市では、八〇〇〇ベクレル/キログラム超えを恐れて、二〇一六年九月時点でも五週間に一度交換しているにもかかわらず、である。

八〇〇〇ベクレルに歯止めをかけた南相馬市

千葉市のように、現実と住民に向き合い、行政組織としての矜持《きょうじ》を持つ自治体は他にもある。

南相馬市は、八〇〇〇ベクレル／キログラム以下の汚染土を公共事業に再利用しようとしている環境省が始めた実証事業の第一号の現場となった。

事業の正式名称は、「平成二八年度除去土壌再生利用実証事業」という。二〇一五年八月、環境省が南相馬市に相談を持ちかけたのが始まりだ。地権者の合意を得て、事業として動き始めるまでに一年かかった。

二〇一六年八月に事業者を公募し、九月末に事業者を決定、実証事業の中身を詰めて、地元説明を経て、工事を開始するのは一一月中旬以降（ただし二〇一七年一月現在未実施）で、二〇一七年三月末には終了するというものだ。

その次年度に別途、モニタリング事業を開始するために、事業者に向けて一般競争入札の案内をする。ただし、モニタリングをいつまで行うかは未定である。

写真８　南相馬市小高区行津の「東部地区行津仮置場」

実証事業が行われる場所は、南相馬市小高《おだか》区行津《なめづ》にある「東部地区行津仮置場」（写真8）だ。国道六号線から海側へ向かうとすぐに見えてくる。南隣の浪江町《なみえまち》に近接し、南相馬市の中心街からは離れたところにある。

その仮置き場にあるものは、南相馬市でも福島第一原発から二〇キロメートル圏内の、国が除染を行う「除染特別地域」から出てきた除染土で、汚染濃度は数百～十数万ベクレル／キログラム、平均で二〇〇〇ベクレル／キログラムだ。

そのうち使うのは、大型土嚢一〇〇〇袋（＝一〇〇〇立方メートル）分。また、覆土材として、汚染されていない山砂を外部から持ち込むという。

八〇〇〇ベクレル／キログラムを公共事業に再利用する目的で始める実証事業だが、環境省の思惑は外れた一面がある。

それは、南相馬市の桜井勝延市長自らが、八〇〇〇ベクレル／キログラム以下という基準を突っぱねたからだ。市長が環境省の関荘一郎事務次官に「三〇〇〇ベクレル以下で」と求めて、了承され（杉本裕明著「ルポ・原発事故汚染土」、「世界」二〇一六年一〇月号）、それが尊重されることになった。

三〇〇〇ベクレル以下で進めた海岸防災林

桜井市長が八〇〇〇ベクレル／キログラム以下を突っぱね、三〇〇〇ベクレル／キログラム以下にこだわった背景には、原発事故以来、現在に至るまでの国の施策への不信があると言ってよい。南相馬市職員への取材でもその認識は伝わってくる。

具体的には、八〇〇〇ベクレル／キログラムというダブルスタンダードに対する抵抗だ。

市長がこだわった三〇〇〇ベクレル／キログラムとは、環境省が二〇一一年一二月に出した、「管理された状態での災害廃棄物（コンクリートくず等）の再生利用について」として出した基準であり、福島県がそれに基づいて二〇一四年八月に出した「福島県の海岸防

図21　南相馬市の防潮堤・海岸防災林断面イメージ

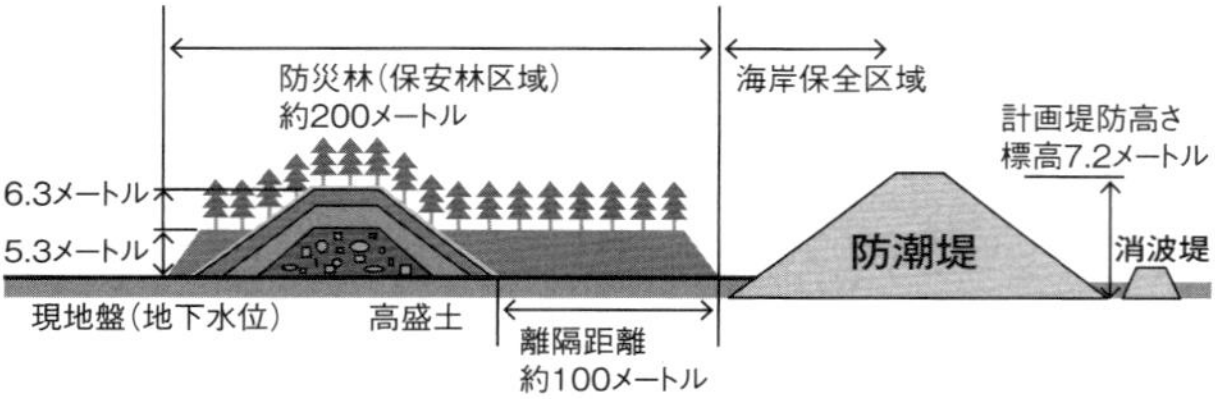

「南相馬市復興関連事業概要」の「防潮堤・海岸防災林の整備」をもとに筆者作成。

災林の再生に向けたガイドライン」の基準である。

それらには、三〇〇〇ベクレル／キログラム以下なら、公共事業に安全に使えることが、遮蔽や覆土などの方法と共に書いてある。

南相馬市の職員たちはそれを頼りに、三〇〇〇ベクレル／キログラム以下なら安全ですという説明で住民と向き合い、海岸防災林事業を進めてきたのだ。

三〇〇〇ベクレル／キログラム以下を利用した海岸防災林事業とは、福島県が南相馬市で大々的に進めているものだ。同市農林整備課の松本充博主査によれば、南相馬市の海岸線約二〇キロメートルのうち一四キロメートルで福島県が防潮堤と海岸防災林をつくっている。断面で見れば、海側に防潮堤、陸側にさらに海岸防災林と、二山できる形だ（図21）。そのうちの一二キロメートル相当の区間の海岸防災林の高盛土の部分に、三〇〇〇ベクレル／キログラム以下という福島県のガイドラインに沿う「災害瓦礫《がれき》」を使う事業だ。防風と防潮を兼ねて「五・三メートル」の高さにする。

その高さは、南相馬市沿岸で発生した災害瓦礫の全体量を見積もり、それをすべて使い尽くせるよう逆算して、コンサルタント会社がはじき出した高さだ。その上に一メートルの覆土を福島県が行って、その上に植林が行われる。合計六・三メートルの高さの海岸防災林となる。

ここで言う「災害瓦礫」とは津波がもたらした堆積土と解体家屋の基礎コンクリートであり、「汚染土とは違う」と松本主査は強調する。

では、災害瓦礫はどの程度の汚染度なのかを尋ねると、正確には測定を行った同市の生活環境課に聞いて欲しいと言う。

そこで、確認に行くと、当時の担当者が一人だけ異動せずに残っており、その担当者である山本将之さんが、記録をすぐに引っ張り出してきてくれた。

一番高かったのは二〇一二年四月の測定値で、ヨウ素は不検出、セシウム一三四が二六

○ベクレル／キログラム、一三七が四〇〇ベクレル／キログラムで、合計六六〇ベクレル／キログラムだった。災害瓦礫も汚染はされていたが、県のガイドラインで進める三〇〇〇ベクレル／キログラムよりはずっと低い。

松本主査は、「ウチ（農林整備課）は完全に災害廃棄物という限定をしていたので、三〇〇〇ベクレル／キログラムでも抵抗がある」と述べた。環境省の八〇〇〇ベクレル／キログラム以下の方針は、「除染土を使って欲しいというものだと思うが、除染土というのは、不要だからどけているもので、それをまた使うというのはちょっと違うんじゃないか。ここも使えるのではないかという話をされたが、それは無理があるのではないですかということで、ウチは除染土は使わない」と、断ったいきさつがあったことを明かしてくれた。

汚染土リサイクル事業の責任者は誰か

この事例からも、重要な教訓を引き出すことができる。

実は、この南相馬市の海岸防災林事業の話を聞きつけてから、その正確な話をできる担当者（松本主査）を探し当てるまでにかなりの時間を要した。

　当初、南相馬市の土木担当は、「ウチではやっていない。県の相双事務所ではないか」と言う。そこで、福島県相双農林事務所に尋ねると、「それは、県の建設事務所の河川・海岸課ではないか」と言う。そこで河川・海岸課に問い合わせるとそこでも「ウチではない」と言う。

　諦めかけていた頃に、ようやく、南相馬市の農林整備課が担当していることが分かった。ひとしきり話を聞いた後、「ところでこの事業の責任者は誰ですか」という単純な質問には、答えがストレートに返ってこなかった。

　海岸防災林事業は福島県の事業であり、災害瓦礫を入れたあとの覆土を行うのも福島県である。しかし、その高盛土の中に災害瓦礫を使うことを決定したのは、南相馬市だ。そして、複雑なことに、災害瓦礫の出所は、同じ南相馬市内でも二つに分かれている。

　一つは、東京電力福島第一原発から二〇キロメートル圏内から出たものだ。これは、環境省が処理に責任を持っている災害瓦礫だ。もう一つが、二〇キロメートル圏外の、南相馬市が処理に責任を持つ比較的汚染度の低い災害瓦礫だ。汚染濃度の測定はその両者がそれぞれ自分の責任の範囲で行っており、積極的に調べにいけば、南相馬市の場合は、すぐにデータが出たが、環境省の場合はそのデータが出てこない。

その結果、「南相馬市の事業だと言っていいんですか」と聞くと、「いや違う」と首を傾《かし》げ、最終的に「共同事業っていうのも変ですが、共同事業ですね」(松本主査)という話になった。

では、八〇〇〇ベクレル/キログラム以下の汚染土を公共事業に使う場合はどうだろう。その事業者は一体誰なのか。現時点ではまったく見えていないということが、南相馬市の海岸防災林事業から導かれる教訓である。

二〇一六年一〇月に参議院議員会館で、福島瑞穂議員による仲介で、環境省が市民の質問に回答する場が設けられた。その席で、筆者も環境省の除染・中間貯蔵企画調整チームの山田浩司参事官補佐に尋ねてみた。八〇〇〇ベクレル/キログラム以下の汚染土を公共事業に使う事業の責任者は誰で、一体、誰が事業者として記録を残すのか。

すると、山田氏は、あっさり、「環境省です」と答えた。

緊急時に住民を守る責任者は誰なのか

しかし、本当だろうか。何もトラブルが起きていない今、そう言うだけなら簡単だ。だが、第二章で書いた鮫川村の仮設焼却施設の爆発で何が起きたか。環境省は隣町の住民さえ、説明会から締め出した。

同じく第二章で書いた郡山リサイクル協同組合の火災で何が起きたか。環境大臣が指定した八〇〇〇ベクレル／キログラム以上の指定廃棄物が燃えたにもかかわらず、周辺住民にリスクを知らせることもせず、車で一〇分も離れたモニタリングポストの値で、「影響はありません」とマスコミに流して終わらせた。

先述したように、八〇〇〇ベクレル／キログラムの場合、一〇〇ベクレル／キログラムまで下がるのに約二〇〇年かかる。今から二〇〇年前と言えば、江戸時代だ。そんな二〇〇年も先のことを誰が責任を持つというのか。

誰もが知る必要があるのは、「責任者は誰か」だ。何か問題が起きた時に、それは誰の責任なのかを明らかにしなければならない。将来、八〇〇〇ベクレル／キログラム以下の汚染土を使い、大洪水が来て、覆土もろとも崩れたとしよう。その時の責任者は誰なのか。

所在地の行政組織が対処するのか、覆土をした事業者か、汚染土を提供した環境省か。

こうした点について、前出の山田氏はこう述べた。

「人為的な形質変更がなされない用途を想定している」、「急斜面地では除去土壌は使わない。盛土が崩れ、流されてしまうことが一〇〇パーセントないとは言い切れないので事前の評価をして、大丈夫との結論を得ている。流れた部分は回収をしてその上で注意する。全量回収が難しくても安全な範囲で収まる」

果たして、これを二〇〇年先まで保証できるのか。今のままでは絵に描いた餅でしかない。だからこそ、安全になるまで二〇〇年という気の遠くなるような八〇〇〇ベクレル／キログラムという基準を、今、突っぱねなければならない。

札幌市長「安全の確証が得られる状況になし」で国は中止へ

自治に期待するのは、首長の意思で、国の政策から市民を守ることは可能であるという実例があるからだ。

放射性物質汚染対処特別措置法が成立する約半月前の二〇一一年八月一二日に、国は

「東日本大震災により生じた災害廃棄物の処理に関する特別措置法」を成立させた。これは、岩手、宮城が抱えた災害瓦礫を、それ以外の全国の都道府県に処理を頼むいわゆる「絆《きずな》キャンペーン」のもとになった法律だ。

この時、その協力要請をはねつけた首長がいた。

札幌市の上田文雄市長がその一人だ。二〇一二年三月一六日、野田佳彦《よしひこ》総理大臣・細野豪志環境大臣が上田市長に、岩手県と宮城県の災害ゴミの一部を担うよう要請した。

細野大臣からの要請書は、その災害瓦礫が、低レベルの放射能汚染ゴミだったことを示している。岩手県の瓦礫は最大一三五ベクレル／キログラム、宮城県の瓦礫は最大で三四〇ベクレル／キログラムが検出され、量は各数百トンだった。

上田市長はこれに対し、二〇一二年四月、「国から示されている基準や指針では、放射性物質に汚染された災害廃棄物の処理体制として、安全の確証が得られる状況にない」として、受入れを拒否した。

野田総理大臣からの要請文は、岩手県では一一年分、宮城県では一九年分の処理量であり、その迅速な処理のためと訴えていたが、「安全・安心を守る」(二〇一一年一二月札幌市議会での市長答弁）点から了解しなかった。

批判や孤立を恐れず、国と対峙《たいじ》できる首長を選ぶのはやはり自治の力だ。

この時は、国が全国の自治体に、低レベルの放射性廃棄物を含む「災害瓦礫」を焼却することを要請したものだった。

しかし今、国が進めようとしているのは、公共事業における八〇〇〇ベクレル／キログラム以下の放射能汚染ゴミの再利用である。しかし、それは二〇〇年間の遮蔽（外部被ばく対策）が必要であると国も分かっている土壌の再利用である。今回も、自治の力が問われる場面ではないだろうか。それが絆キャンペーンからの教訓であるはずだ。

新潟県知事「原発の放射性廃棄物の基準及び取扱いと同じに」

新潟県は、すでに放射性物質汚染対処特別措置法に基づく八〇〇〇ベクレル／キログラム以下の埋立処分の基準で、自治の力を発揮している。

二〇一一年一〇月、環境省が放射性物質汚染対処特別措置法の環境省令で八〇〇〇ベクレル／キログラム以下の放射能汚染ゴミを埋立処分できる案をつくった時だ。

泉田裕彦《ひろひこ》知事は、「県民の理解を得ることができない」と突っぱねた。そして、「従来から原子力発電所内で管理されている放射性廃棄物の基準及び取扱いと同じにするよう」国に要請した。その背景を、担当課である新潟県廃棄物対策課は次のように語った。

「原子力発電所構内では、今までクリアランスレベル（一〇〇ベクレル／キログラム）っていうのが決まっていたわけですけれども、その基準が、（公共事業での再利用で）八〇〇〇ベクレル／キログラムで線引きをすることによって、一般環境中の方が原子力発電所より、基準が緩くなるじゃないですか。ダブルスタンダードに当たるんじゃないでしょうかということで本県の方から国の方へお伝えしたのです」

新潟県は基本方針に対する意見募集（パブリックコメント）に対しても、三点の意見を送っていた。

一つ目は、指定廃棄物の基準や取扱いは従来から原子力発電所内で管理されている放射性廃棄物の基準及び取扱いと同じにすること。

二つ目は、指定廃棄物の処理（収集・運搬、保管、処分）や、除染、仮置き場や中間貯蔵施設、最終処分場の確保などは自治体に責任を転嫁せず、国が担うこと。

三つ目は、費用は国または原子力事業者が負担すること。

「県の考え方は現在も変わっていない」と新潟県廃棄物対策課は力強く語った。

そして、実際に新潟県では、八〇〇〇ベクレル／キログラム以上の浄水発生土などの埋立てを行っていない。

「全国民的な理解の醸成」を兼ねた実証事業

本書の執筆が終盤に入った頃、政府による避難指示解除の基準を是正させることを意図した「二〇ミリシーベルト基準撤回訴訟」の原告の一人である小澤洋一さんから、南相馬市の知人の高倉地区の農地でも汚染土の再生利用の実証事業をやっているから見にこないかとの誘いが飛び込んできた。それは、中間貯蔵・環境安全事業株式会社（JESCO）が公募した実証事業だった。

第三章では詳しく述べなかったが「放射線物質汚染対処特別措置法」は、環境省に汚染土の減容・再生利用の研究開発も命じていた。また、第四章で述べた「中間貯蔵・環境安全事業株式会社（JESCO）法」もJESCOに、汚染土の減容・再生利用技術の研究開発を託していた。

そして、ＪＥＳＣＯは法律で認められた事業を、毎年、公募で民間委託していた。公募要領を見ると、除染土の減容や再生利用の実験を行い、効果、経済性、効率性を評価・広報すると書いてある。「広報」とは、環境省の戦略で言う「全国民的な理解の醸成等」に当たるのだろう。

そうした事業を一件二〇〇〇万円（税抜）を上限に一〇件程度を選ぶと書いてあるから、全体では二億円の事業だ。二〇一六年度は二三件が応募し、九件が選ばれていた。

大林組、大成建設、ＪＦＥエンジニアリング、クボタ環境サービス、東京工業大学、安藤・間が減容技術を、りんかい日産建設が再生利用技術を、ＮＴＴコミュニケーションズが除染土の輸送技術を、日立造船が中間貯蔵の搬送技術の実証を行う。

そこに存在してはいけない濃度の生成物

南相馬市高倉地区の農家の一角で行われていた実証事業は、りんかい日産建設の再生利用技術だった。現場へ到着すると、同社の土木事業部の山田浩司課長らが迎えてくれた。

同社の技術は、伊藤忠建機が開発した既存の「高圧フィルタープレス」という技術を利用したものだった。一〇〇〇－二〇〇〇ベクレル／キログラムの汚染土を材料に、石のように固い資材をつくり、中間貯蔵施設に持ち込む廃棄物の間に排水材として砕石代わりに敷くという提案だった。要は石のように固い資材がつくれるかどうかの実験だった。

具体的には、除染土に水とセメントを足して、脱水、圧縮で、体積を約半分にし、石のように固くする。汚染土「一」に対して水「〇・五」の計一立方メートルに、一〇〇キログラムのセメントを入れるので重量は増える。セシウムは元の土壌が一〇〇〇ベクレル／キログラムなら一五〇〇ベクレル／キログラムに濃縮される。説明を聞いた後、脱水・加圧する試験器を見学し、軍手はしたものの、最低でも一五〇〇ベクレル／キログラムはある生成物を触ってしまった。

そこではたと気づいた。これは原発事故前なら、そこに存在してはいけない濃度の生成物だ。原発などの放射線管理区域の外に出せる汚染物は、クリアランスレベル一〇〇ベクレル／キログラム以下だった。それが、その一〇倍以上もの汚染物が農地周辺で生成されている。

その農地は、原発事故で五〇〇〇〇―六〇〇〇〇ベクレル／キログラムに汚染された地域だったという。実験に使った土壌は、その表土を五センチメートル除染した後に出てきた二〇〇〇ベクレル／キログラムの土壌だった。しかし、比較的低いと感じてしまうこの濃度でさえ、クリアランスレベルの二〇倍だ。

繰り返し述べるように、一九二〇年代から積み上げてきた放射線防護の歴史の中で、一九九〇年代に国際機関で合意されたクリアランスレベルとは、法規制を外し、人の管理の手から離れて、市場で自由に流通してもよいレベルとして考えられた。

ところが原発事故後、国は、公衆の被ばく限度年一ミリシーベルトを横に置いて、一ミリシーベルトから想定のもとで換算して導き出した空間線量「〇・二三マイクロシーベルト以上」の「汚染状況重点調査地域」に人を居住させ続けたまま、除染を進めた。

そして、今度は、外部被ばく対策にしかならない「遮蔽」を条件に、クリアランスレベルの八〇倍の八〇〇〇ベクレル／キログラムの基準を新たにつくり、全国の公共事業に再利用させようとしている。

ダブルスタンダードに対抗する自治の力

すでに南相馬市の海岸防災林には、三〇〇〇ベクレル／キログラム以下ならよいと、自治体を巻き込んで活用をさせ、その南相馬市で八〇〇〇ベクレル／キログラムの実証事業をしようとして拒まれた。

しかし、それと同時並行で、同じ南相馬市の別の地区の、五〇〇〇―六〇〇〇ベクレル／キログラムから二〇〇〇ベクレル／キログラムに除染した農地で、それを濃縮する実証事業を公募で進めている。

こうした実証事業によって毎年二億円ずつ産業界や学界に流している。公募で選ばれた事業者らは、この五年間に除染事業や焼却炉事業で利益を上げている。ひとたびカネの流れをつくり、産業構造をつくってしまえば、それは社会の基盤となる。失敗を修正できず、硬直した政策を引きずる土台となる。

この六年間の除染と放射能汚染ゴミの処理の流れを見る限り、それは一九二〇年代から原子力産業界が積み上げてきた放射線防護の考え方にさえ、整合しているとは言えない。

それどころか、国内で制度化していないＩＣＲＰの二〇〇七年勧告から、環境省が進める除染と放射能汚染ゴミ処理戦略に都合のよいものだけを裁量で導入したにすぎない。放射性物質汚染対処特別措置法という枠組みだけの法律のもとで、環境省がその裁量を踏襲する形でつくった基準で埋立処分をすると、新たな放射能汚染ゴミを産み出すという悪しき教訓も得た。

減容化の柱とも言える放射能汚染ゴミの焼却でさえ、九九・九パーセント、セシウムを回収できるという前提で進められている。

現在までに蓄積されたのは、多くのダブルスタンダードだ。汚染地域とそれ以外の地域に住む人々の被ばく限度のダブルスタンダード、クリアランスレベルのダブルスタンダード、放射線業務従事者とそうでない被ばく労働者のダブルスタンダード……。

これらのダブルスタンダードを解消するまでには、多くの時間とエネルギーを要するだろう。しかし、少なくとも、自治によって、歯止めをかけることができることも分かっている。そして、その自治の主体は、この国に暮らす私たち市民一人ひとりなのだ。

おわりに

もし、この本が二〇四四年に読まれる時、日本はどうなっているだろうか。二〇四四年とは、国が、福島県につくる中間貯蔵施設から放射能汚染ゴミをすべて搬出し、県外のどこかに最終処理を完了するために必要な措置を講ずるとした年度である。その約束が果されていたとしたら、それは、セシウム換算で八〇〇〇ベクレル／キログラム以下の放射能汚染ゴミが、全国の公共事業に再利用されている可能性が高い。

また、二二〇〇年頃にはどうなっているだろうか。一七九ページで記したように、今から約二〇〇年後、もし環境省の方針通りに事態が進んだ場合、全国の公共事業に使われた放射能汚染ゴミが、ようやく遮蔽などの防護策なく、人間が近づいてよい放射線レベルに下がる頃だ。

この方針が撤回され、「そんな無謀なことも考えられていた」と、笑い話で済んでいることを願うが、果たしてどのような未来が待ち受けているだろうか。

二〇一一年の東京電力福島第一原発事故発生時にゼロ歳だった赤ん坊は、二〇四四年には三三歳に、そして二二〇〇年には、今生きている誰もがいなくなっている。残された未来人は、私たちが行ってきたことを、ちょうど今の私たちが江戸時代の人たちを見るように見ているはずだ。

「はじめに」で、「人類史上最悪のゴミ問題となる可能性がある」と提起したのは、これが、私企業が利潤の追求を最優先させて起こす問題ではなく、環境省という、公害を契機に設立された国の組織が主導する計画だからだ。

二〇一六年六月に環境省が示した放射能汚染ゴミを再利用する方針は、二〇一二年七月の閣議決定「福島復興再生基本方針」、二〇一四年一一月に国会が成立させた「中間貯蔵・環境安全事業株式会社法」で、「三〇年以内に、福島県外で最終処分」としたことを遂行しようとするものである。

本文でも記したように、東京ドーム一八杯分もの放射能汚染ゴミの最終処分場をつくるということは、用地確保の観点から、もはや現実的ではない。そこで考え出された「解」が、公共事業での再利用という方針だ。環境省は、ただ現状に即して実現しやすい解を導き出したに過ぎないとも言える。責任は内閣と国会の双方、それに国会に代表を送った私たち一人ひとりにある。それが私たちの望んだ筋書きではないと言うなら、書き直しを求めるのは私たちしかいない。

問題の根源を遡れば、原発で過酷事故が起きるリスクを無視したことや、事故が起きた場合にどれだけの放射性物質がどこまで飛び散るかを想定しなかったエネルギー政策を放置した私たちの無関心に辿り着く。

あなたの隣に放射能汚染ゴミが来ることを避けたいなら、今、声を上げるしかない。本書で見てきたように、放射能汚染ゴミ再利用の萌芽《ほうが》は、すでに事故の二ヵ月後にあった。環境省が再利用の方針を示した二〇一六年六月に突然降って湧いた話ではない。もし、このまま意思表示をしなければ、この約六年かけて進められてきた議論が、そのまま遂行されるだろう。今からでも遅くはない。今こそ私たちの意思を示す時ではないだろうか。

一人ひとりの力をつなげていく

環境省が放射能汚染ゴミを全国の公共事業に使うという方針を出す準備をしていた二〇一六年五月一一日、筆者はその方針に納得がいかず、田中俊一原子力規制委員長の定例記者会見で、田中氏の見解を尋ねてみた。

すると、田中委員長は「除染した土壌の話ですか」と確認し、次のように回答した。

「炉規法（原子炉規制法）の世界とはちょっと違う世界になっているのだけれども、一般論として見れば、同じ放射能、セシウムならセシウムで汚染されたものが、炉規法の世界と除染特措法（放射性物質汚染対処特別措置法）の世界で違うということはよくないと思います」

原子力規制委員長は、放射能汚染ゴミを公共事業に再利用することについて、支持しているわけではないようだった。

奇《く》しくも、ちょうどこの定例会見のあった日の午後、環境省の中間貯蔵企画調整チームの担当者もまた、再利用の方針案を持って原子力規制庁に相談に訪れたという。

この時、原子力規制庁担当者は環境省に、「管理ができない状態」での再利用に異論を唱えたことが、本書の執筆の終盤になって分かった。

実は、その数日前の五月四日、この問題について市民団体が参議院議員会館で集会を開催。そこで「除染土を公共事業で利用する方針の撤回」を求める署名一万筆余が環境大臣宛に提出された。そしてこの集会の中で、参加者は環境省担当者と質疑応答を行った。的を射た指摘や問いに、環境省担当者らはしばしば口ごもっていた。

環境省の担当者は、おそらくこの時の市民の指摘も踏まえて、五月一一日に原子力規制庁に相談に行ったと考えられる。

一人ひとりの知恵や力は小さくとも、それが人から人へつながって、他者の言動に結びつけば、その力に限界はないはずだ。

ところで、この「おわりに」を書いているところに、ちょうど次のニュースが飛び込んできた。二三ページの図で示した、所在が非公表となっていた山形県にある八〇〇〇ベクレル／キログラムを超える指定廃棄物〇・二トンが、その後、濃度が基準を下回り、指定解除になったというものだ。この報道を受けて、山形県循環型社会推進課の担当者を取材したところ、「(保管する)民間業者は産業廃棄物として処分する意向だと聞いている」とのことだった。

基準を下回ったとはいえ、放射能に汚染されていることには変わりない。今後、山形県以外にも、時間が経つにつれ、指定解除となる放射能汚染ゴミが出てくるだろう。それらが、他の産業廃棄物と同様に処理されるとしたら、どんなことが生じるだろうか。筆者は、今後も監視が必要であると考える。

末筆ながら、本文に記した人々に加え、満田夏花氏、青木一政氏、藤原寿和氏、大沼淳一氏、山本行雄氏ほか多くの人々の知見に助けられた。また、二〇一四年に京都大学大学院工学研究科（原子核工学専攻）を退職された後も現在に至るまで、各地の放射能測定を続ける河野益近氏に感謝と敬意を表す。さまざまな問いに対応してくれた中央官庁、自治体、さらに、細川綾子氏はじめ集英社新書編集部、校閲の皆様にもお礼を申し上げる。

すべての放射能汚染ゴミを管理された状態で静かに寝かせ、時が過ぎるのを待つ政策が取られるように、これからも訴えていきたい。

二〇一七年一月　まさのあつこ

まさのあつこ

ジャーナリスト。主に河川工事などの公共事業や原子力問題を取材。衆議院議員の政策担当秘書等を経て、東京工業大学大学院総合理工学研究科博士課程修了。博士(工学)。著書に『四大公害病』(中公新書)、『投票に行きたくなる国会の話』(ちくまプリマー新書)、『水資源開発促進法 立法と公共事業』(築地書館)など。

集英社新書〇八七一B

あなたの隣《となり》の放《ほう》射《しゃ》能《のう》汚《お》染《せん》ゴミ

二〇一七年二月二二日 第一刷発行

著者……まさのあつこ

発行者……茨木政彦

発行所……株式会社集英社

東京都千代田区一ツ橋二-五-一〇 郵便番号一〇一-八〇五〇

電話 〇三-三二三〇-六三九一(編集部)

〇三-三二三〇-六〇八〇(読者係)

〇三-三二三〇-六三九三(販売部)書店専用

装幀……原 研哉

印刷所……大日本印刷株式会社 凸版印刷株式会社

製本所……株式会社ブックアート

定価はカバーに表示してあります。

ISBN 978-4-08-720871-9 C0236

a pilot of wisdom

社会——B

携帯電磁波の人体影響　矢部 武
イスラム—癒しの知恵　内藤正典
モノ言う中国人　西本紫乃
二畳で豊かに住む　西 和夫
「オバサン」はなぜ嫌われるか　田中ひかる
新・ムラ論TOKYO　隈 研吾／清野由美
原発の闇を暴く　広瀬 隆／明石昇二郎
伊藤Pのモヤモヤ仕事術　伊藤隆行
電力と国家　佐高 信
愛国と憂国と売国　鈴木邦男
事実婚 新しい愛の形　渡辺淳一
福島第一原発—真相と展望　アーニー・ガンダーセン
没落する文明　萱野稔人／神里達博
人が死なない防災　片田敏孝
イギリスの不思議と謎　金谷展雄
妻と別れたい男たち　三浦 展
「最悪」の核施設 六ヶ所再処理工場　小出裕章／渡辺満久／明石昇二郎
ナビゲーション「位置情報」が世界を変える　山本 昇
視線がこわい　上野 玲
「独裁」入門　香山リカ
吉永小百合、オックスフォード大学で原爆詩を読む　早川敦子
原発ゼロ社会へ！ 新エネルギー論　広瀬 隆
エリート×アウトロー 世直し対談　堀田 力／玄 秀盛
自転車が街を変える　秋山岳志
原発、いのち、日本人　浅田次郎／藤原新也 ほか
「知」の挑戦 本と新聞の大学Ⅰ　一色 清／姜 尚中 ほか
「知」の挑戦 本と新聞の大学Ⅱ　一色 清／姜 尚中 ほか
東海・東南海・南海 巨大連動地震　高嶋哲夫
千曲川ワインバレー 新しい農業への視点　玉村豊男
教養の力 東大駒場で学ぶこと　斎藤兆史
消されゆくチベット　渡辺一枝
爆笑問題と考える いじめという怪物　太田 光／NHK「探検バクモン」取材班
部長、その恋愛はセクハラです！　牟田和恵

a pilot of wisdom

モバイルハウス 三万円で家をつくる　坂口恭平
東海村・村長の「脱原発」論　村上達也／神保哲生
「助けて」と言える国へ　奥田知志／茂木健一郎
わるいやつら　宇都宮健児
ルポ「中国製品」の闇　鈴木譲仁
スポーツの品格　桑田真澄／佐山和夫
ザ・タイガース 世界はボクらを待っていた　磯前順一
ミツバチ大量死は警告する　岡田幹治
本当に役に立つ「汚染地図」　沢野伸浩
「闇学」入門　中野　純
100年後の人々へ　小出裕章
リニア新幹線 巨大プロジェクトの「真実」　橋山禮治郎
人間って何ですか？　夢枕　獏 ほか
東アジアの危機「本と新聞の大学」講義録　一色　清／姜尚中 ほか
不敵のジャーナリスト 筑紫哲也の流儀と思想　佐高　信
騒乱、混乱、波乱！ ありえない中国　小林史憲
なぜか結果を出す人の理由　野村克也

イスラム戦争 中東崩壊と欧米の敗北　内藤正典
刑務所改革 社会的コストの視点から　沢登文治
沖縄の米軍基地「県外移設」を考える　高橋哲哉
日本の大問題「10年後を考える」——「本と新聞の大学」講義録　一色　清／姜尚中 ほか
原発訴訟が社会を変える　河合弘之
奇跡の村 地方は「人」で再生する　相川俊英
日本の犬猫は幸せか 動物保護施設アークの25年　エリザベス・オリバー
おとなの始末　落合恵子
性のタブーのない日本　橋本　治
ジャーナリストはなぜ「戦場」へ行くのか——取材現場からの自己検証　危険地報道を考えるジャーナリストの会・編
医療再生 日本とアメリカの現場から　大木隆生
ブームをつくる 人がみずから動く仕組み　殿村美樹
「18歳選挙権」で社会はどう変わるか　林　大介
3・11後の叛乱 反原連・しばき隊・SEALDs　笠井　潔／野間易通
「戦後80年」はあるのか ——「本と新聞の大学」講義録　一色　清／姜尚中 ほか
非モテの品格 男にとって「弱さ」とは何か　杉田俊介
「イスラム国」はテロの元凶ではない グローバル・ジハードという幻想　川上泰徳

政治・経済――A

a pilot of wisdom

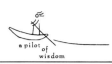

a pilot of wisdom

医療・健康――Ｉ

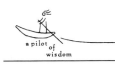

集英社新書　好評既刊

在日二世の記憶
小熊英二／髙賛侑／高秀美 編　0857-D
「一世」以上に運命とアイデンティティの問いに翻弄された「二世」50人の人生の足跡。近現代史の第一級資料。

中央銀行は持ちこたえられるか──忍び寄る「経済敗戦」の足音
河村小百合　0858-A
デフレ脱却のため異次元緩和に邁進する政府・日銀。この政策が国民にもたらす悲劇的結末を示す警告の書。

シリーズ〈本と日本史〉① 『日本書紀』の呪縛
吉田一彦　0859-D
当時の権力者によって作られた「正典」を、最新の歴史学の知見をもとに読み解く『日本書紀』研究の決定版！

チョコレートはなぜ美味しいのか
上野　聡　0860-G
微粒子の結晶構造を解析し「食感」の理想形を追究する食品物理学。「美味しさ」の謎を最先端科学で解明。

すべての疲労は脳が原因2〈超実践編〉
梶本修身　0861-I
前作で解説した疲労のメカニズムを、今回は「食事」「睡眠」「環境」から予防・解消する方法を紹介する。

「イスラム国」はテロの元凶ではない グローバル・ジハードという幻想
川上泰徳　0862-B
世界中に拡散するテロ。その責任は「イスラム国」ではなく欧米にあることを一連のテロを分析し立証する。

安吾のことば「正直に生き抜く」ためのヒント
藤沢　周 編　0863-F
昭和の激動期に痛烈なフレーズを発信した坂口安吾。今だからこそ読むべき言葉を、同郷の作家が徹底解説。

シリーズ〈本と日本史〉③ 中世の声と文字 親鸞の手紙と『平家物語』
大隅和雄　0864-D
「声」が「文字」として書き留められ成立した中世文化の誕生の背景を、日本中世史学の泰斗が解き明かす。

近代天皇論──「神聖」か、「象徴」か
片山杜秀／島薗　進　0865-A
天皇のあり方しだいで日本の近代が吹き飛ぶ！ 気鋭の政治学者と国家神道研究の泰斗が、新しい天皇像を描く。

若者よ、猛省しなさい
下重暁子　0866-C
『家族という病』の著者による初の若者論。若者へエールを送り、親・上司世代へも向き合い方を指南する。